AF393691

Simon Wendel

Freiform-Optiken im Nahfeld von LEDs

SPEKTRUM DER LICHTTECHNIK   **BAND 7**

Lichttechnisches Institut
Karlsruher Institut für Technologie (KIT)

Freiform-Optiken im Nahfeld von LEDs

von
Simon Wendel

Dissertation, Karlsruher Institut für Technologie (KIT)
Fakultät für Elektrotechnik und Informationstechnik, 2014
Referenten: Prof. Dr. Cornelius Neumann
              Prof. Dr. Wilhelm Stork

Impressum

Karlsruher Institut für Technologie (KIT)
KIT Scientific Publishing
Straße am Forum 2
D-76131 Karlsruhe

KIT Scientific Publishing is a registered trademark of Karlsruhe
Institute of Technology. Reprint using the book cover is not allowed.

www.ksp.kit.edu

Print on Demand 2014

ISSN 2195-1152
ISBN 978-3-7315-0251-7
DOI: 10.5445/KSP/1000042416

FREIFORM-OPTIKEN IM NAHFELD VON LEDs

Zur Erlangung des akademischen Grades eines

DOKTOR-INGENIEURS

von der Fakultät für

Elektrotechnik und Informationstechnik

des Karlsruher Instituts für Technologie (KIT)

genehmigte

DISSERTATION

von

Dipl.-Phys. Simon Martin Wendel

Tag der mündlichen Prüfung: 13. Februar 2014

Hauptreferent: Prof. Dr. Cornelius Neumann
Korreferent: Prof. Dr. Wilhelm Stork

INHALTSVERZEICHNIS

1 Einleitung — **1**

  1.1 Ziele der Arbeit — 5

  1.2 Gliederung der Arbeit — 5

2 Grundlagen — **9**

  2.1 Fernfeld und Nahfeld einer Lichtquelle — 9

  2.2 Geometrische Optik — 11

  2.3 Softwarebasierte Strahlverfolgung — 15

  2.4 Darstellung geometrischer Objekte — 18

3 Der Entwicklungsprozess optischer Systeme — **25**

  3.1 Der Optikdesignprozess — 27

    3.1.1 Zielsetzung und Rahmenbedingungen — 30

    3.1.2 Optisches Konzept — 31

    3.1.3 Initialentwurf — 33

    3.1.4 Entwurfsoptimierung — 42

  3.2 Fertigung — 48

  3.3 Validierung — 50

4 Bewertung von Lichtverteilungen — **53**

  4.1 Kriterienübersicht — 54

  4.2 Multikriterielle Bewertung — 59

  4.3 Anwendung — 61

5 Initialentwurf mit angepassten Lichtquellenmodellen — **65**

  5.1 Inverse Modellierung von Primäroptiken — 66

    5.1.1 Methode — 67

    5.1.2   Anwendung 68

5.2 Lichtschwerpunkte 73

    5.2.1   Methode 75

    5.2.2   Anwendung 77

6 Entwurfsoptimierung mit Lichtstromkompensation   89

6.1 Methode 90

6.2 Anwendung 96

6.3 Validierung 99

7 Entwurfsoptimierung mit OFFD   103

7.1 Methode 104

    7.1.1   Optimierung von Freiform-Flächen in der Allgemeinbeleuchtung 105

    7.1.2   Freiform-Deformation (FFD) 119

    7.1.3   Synthese zur OFFD 126

7.2 Anwendung 132

    7.2.1   Rotationssymmetrische Systeme 132

    7.2.2   Nicht-rotationssymmetrische Systeme 149

7.3 Validierung 162

8 Diskussion   165

9 Zusammenfassung und Ausblick   173

9.1 Zusammenfassung 173

9.2 Ausblick 177

Anhang   180

A Optimierung   181

A.1 Optimierungsalgorithmen 181

A.2 Schrittweitenberechnung 183

A.3 Numerische Berechnung von Ableitungen 184

Abkürzungsverzeichnis 185

Betreute Arbeiten 189

Veröffentlichungen 191

Danksagung 193

Literaturverzeichnis 195

KAPITEL 1

EINLEITUNG

Licht stellt ein zentrales Element unseres täglichen Lebens in vielerlei Hinsicht dar. Das betrifft zum einen mit der Sonne eine natürliche Lichtquelle. Zum anderen spielen insbesondere bei der historischen Betrachtung der letzten Jahrhunderte in stark zunehmendem Maße auch künstliche Lichtquellen eine Rolle. Um die Eigenschaften und Gesetzmäßigkeiten der von ihnen emittierten Strahlung zu beschreiben, wurden bereits im 17. Jahrhundert die Grundlagen der geometrischen Optik u.a. von Snellius und Fermat gelegt. Die Kenntnis von Reflexion, Lichtbrechung und anderen Eigenschaften von Licht erlaubt den Entwurf optischer Systeme, die für zahlreiche Anwendungen eine gewünschte Beleuchtung herstellen können. Dies definiert den Bereich der nicht-abbildenden Optik, bei der die zentrale Problemstellung die gezielte Lenkung des Lichts einer oder mehrerer Lichtquellen ist. Die entsprechenden Systeme sind ebenso zahlreich wie unterschiedlich. Dazu gehören alle Formen allgemeiner Außen- und Innenbeleuchtung, speziellere Anwendungen beispielsweise im automobilen oder medizinischen Bereich sowie Gebrauchsgegenstände wie Taschenlampen und ähnliches.

Für konventionelle künstliche Lichtquellen wie die verschiedenen Ausführungen der seit über hundert Jahren verwendeten Glüh- und Gasentladungslampen ist die Entwicklung geeigneter optischer Systeme zur Lichtlenkung weit fortgeschritten. In vielen Fällen sind hier Reflektoren das Mittel der Wahl, um beispielsweise in Halogen-

Scheinwerfern oder bei einer Raumbeleuchtung mit Leuchtstofflampen das Licht wie gewünscht zu steuern.

In jüngerer Vergangenheit hat allerdings die Leuchtdiode (kurz LED von engl. "Light Emitting Diode") gemessen an den üblichen Zeitmaßstäben der Beleuchtungsindustrie eine sehr rasante technologische Entwicklung erlebt. Das zeigt sich unter anderem bei der Betrachtung der Effizienz in $\left[\frac{lm}{W}\right]$. Sie stellt ein typisches Maß zum Vergleich unterschiedlicher Lichtquellen dar und gibt an, wieviel Lichtstrom pro verbrauchter elektrischer Leistung erzeugt wird. Von den ersten 1962 industriell gefertigten, farbigen LEDs mit Effizienzen in der Größenordnung von $0,1\frac{lm}{W}$ steigerte sich dieser Wert insbesondere in den letzten 10 Jahren sehr stark[1]. Inzwischen erreichen weiße LEDs deutlich über $100\frac{lm}{W}$. Darüber hinaus haben LEDs eine Reihe weiterer vorteilhafter Eigenschaften wie eine hohe Lebensdauer und viele Möglichkeiten bezüglich Farbe und elektrischer Steuerung. Insgesamt ist die LED-Technologie dabei, sich in der Allgemeinbeleuchtung zunehmend gegenüber konventionellen Beleuchtungen durchzusetzen. Unterstützt wird dieser Trend durch gesetzliche Rahmenbedingungen wie dem Glühlampenverbot, das Mindest-Effizienzen von Lichtquellen fordert.

Da sich LEDs fundamental von konventionellen Lichtquellen unterscheiden, ist der Einsatz neuer optischer Systeme zur Lichtlenkung unabdingbar. Insbesondere die geringe räumliche Ausdehnung im Bereich von wenigen Millimetern und die vergleichsweise gerichtete Abstrahlung in den Halbraum verlangen neuartige Optiken. Bei deren Gestaltung erweisen sich die Eigenschaften von LEDs allerdings als sehr vorteilhaft bezüglich der Möglichkeiten zur Kontrolle der Beleuchtung. Ein beispielhafte Gegenüberstellung zwischen einem konventionellen System und einer LED-Lösung für eine Straßenbeleuchtung zeigt Abb. 1.1. Wie darin zu sehen ist, unterscheiden sich die beiden Straßenleuchten neben der farblichen vor allem durch die

(a) Konventionelle
Beleuchtung

(b) LED-Straßenleuchten

Abbildung 1.1: Beispielhafter Vergleich verschiedener Straßenbeleuchtungs-Technologien bei der Umrüstung der Gleiwitzer Straße in der Gemeinde Remchingen von Na-Dampf Pilzleuchten (178 W) auf "Claro" LED-Leuchten der Firma Schreder (34 W).[2]

räumliche Art der Abstrahlung. Das konventionelle System beleuchtet die Straße eher ungleichmäßig mit dunklen Bereichen. Darüber hinaus lenkt es einen vergleichsweise großen Teil des Lichts in seitliche Richtungen u.a. zur Hauswand und auch nach oben, wo das Licht nicht nur verschwendet wird, sondern auch störend ist. Dagegen setzt die LED-Leuchte durch den Einsatz von Linsen-basierter Lichtlenkung eine homogene und sehr effiziente Beleuchtung der Straße um. Die Häuserfront bleibt wie erwünscht dunkel.

Die höchstmögliche Freiheit und damit auch die beste Kontrolle über die erreichte Beleuchtung beim Entwurf optischer Systeme für LEDs ermöglichen Freiform-Optiken. Sie beinhalten reflektierende oder brechende Flächen, die sich nicht durch eine einfache analytische Beschreibung wie Sphären oder Ellipsen ausdrücken lassen. Stattdessen können sie eine beliebige, asymmetrische Gestalt annehmen. Dementsprechend sind solche Flächen mit einer vergleichsweise hohen Komplexität verbunden, was sowohl ihren Entwurf als auch ihre Herstellung angeht. In den letzten Jahren erzielten allerdings in beiden Bereichen die industrielle und universitäre Forschung und Entwicklung sehr große Fortschritte. Begünstigt wurden die Möglichkeiten für Berechnung und Analyse von Freiform-Flächen auch durch die steigende Leistungsfähigkeit von Computern. Dadurch stehen inzwischen auf einem aktuellen Arbeitsplatz-Rechner Programme zur Verfügung, die sehr präzise Nachbildungen und realistische Vorhersagen des Strahlungsverhaltens komplexer optischer Systeme erlauben. Insgesamt ergibt sich damit bei der Entwicklung optischer Systeme für LEDs in der Allgemeinbeleuchtung eine Situation, die im Jahr 2011 bei einem entsprechenden Treffen der OSA (engl. "Optical Society of America") frei übersetzt zusammengefasst wurde als: *"Ganz offensichtlich revolutionieren die Freiform-Optiken die Beleuchtungsindustrie."*[3]

Von besonderer Bedeutung sind in diesem Zusammenhang kleine Optiken, die sich sehr nahe an der LED, in deren sog. Nahfeld befinden. Aus einer Reihe von Gründen sind sie für viele Anwendungen besonders geeignet. Dazu gehören zum einen die Kosten der Herstellung. Bei einem Serienprodukt sind sie ungefähr proportional zum Volumen[4]. Zum anderen betrifft das die verfügbaren Herstellungstechnologien für eine Serienfertigung. Hier kommt bei optischen Bauteilen aus Kunststoff mit dem Spritzguss ein Verfahren zum Einsatz, bei dem die maximalen Dimensionen der Optik begrenzt sind. Darüber hinaus sind bei vielen optischen Systemen wie etwa Straßenleuchten oder Scheinwerfern aufgrund des benötigten Lichtstroms Arrays mit vielen LEDs mit jeweils eigener Optik nötig. Dann sparen kleine optische Bauteile entscheidend Bauraum ein.

Insgesamt ergibt sich damit aktuell ein hoher Bedarf für den Entwurf von kleinen LED-Freiform-Optiken, die dazu in der Lage sind, das Licht einer LED mit minimalen Verlusten in gewünschter Weise zu lenken. Da diese Problemstellung einen recht neuen Bereich der nicht-abbildenden Optik darstellt, gibt es noch viel Forschungs- und Entwicklungsbedarf. So existieren zwar einige erfolgreiche Methoden, bei denen allerdings die Lichtquelle als punktförmig behandelt werden muss. Insbesondere bei kleinen Optiken ist diese Näherung nicht gerechtfertigt und führt zu Problemen. Aufgrund der sehr vielfältigen und unterschiedlichen Anwendungsbereiche von LED-Beleuchtung und ihrer Rahmenbedingungen mangelt es außerdem an einer einheitlichen Beschreibung eines Entwicklungsprozesses optischer Systeme.

1.1 ZIELE DER ARBEIT

Die Ziele dieser Arbeit sind die systematische Charakterisierung des Entwicklungsprozesses optischer Systeme in der Allgemeinbeleuchtung und dessen Erweiterung hinsichtlich der Methoden zum Entwurf von Freiform-Optiken im Nahfeld von LEDs.

Eine Eingliederung bekannter Methoden und Ansätze soll dabei dazu dienen, Möglichkeiten für Verbesserungen an verschiedenen Stellen der Entwicklung aufzuzeigen. Zu den wichtigsten Aspekten gehört dabei die Berücksichtigung der Lichtquelle als ausgedehntes Objekt. Die Realisierung neuer Methoden zum Design von Freiform-Optiken soll in flexibler, automatisierter Form umgesetzt werden und Anwendungen für sehr unterschiedliche optische Systeme erlauben.

1.2 GLIEDERUNG DER ARBEIT

Kapitel 2 stellt zunächst die wichtigsten Grundlagen für das weitere Verständnis der Arbeit vor. Dazu gehören die unterschiedlichen Beschreibungen von Lichtquellen im Nah- und Fernfeld. Ein Überblick über die relevanten Gesetze der geometrischen Optik und deren Implementierung in moderne Simulationssoftware fasst die wichtigsten Hilfsmittel beim Entwurf optischer Systeme zusammen. Zuletzt dient ein Auszug aus der mathematischen Beschreibung geometrischer Objekte unter anderem dazu, die Eigenschaften und Herausforderungen von Freiform-Flächen aufzuzeigen.

Gegenstand von Kapitel 3 ist die detaillierte Analyse des Entwicklungsprozesses optischer Systeme in der Allgemeinbeleuchtung. Als Teil dessen werden insbesondere die einzelnen Schritte und Wechselwirkungen des Optikdesignprozesses betrachtet. Eine Klassifizierung existierender Methoden und Ansätze ermöglicht dabei eine systematische Einordnung in unterschiedliche Bereiche und zeigt Ansatzpunkte für Verbesserungen auf.

Ein wichtiges Werkzeug bei der Entwicklung optischer Systeme ist die in Kapitel 4 behandelte Bewertung von Lichtverteilungen. Dadurch kann die Qualität einer Beleuchtung für sehr unterschiedliche Anwendungen quantitativ erfasst werden. Neben einer Reihe von flexibel anpassbaren Einzelkriterien werden Möglichkeiten zur Kombination mehrerer Qualitätskriterien entwickelt. Die Bewertung von Lichtverteilungen stellt eine wichtige und häufig eingesetzte Grundlage für die folgenden Entwürfe optischer Systeme dar.

Als Ansatzpunkt zur Verbesserung beim Design von Freiform-Optiken widmet sich Kapitel 5 dem Prozessschritt Initialentwurf. Im Vordergrund steht dabei die Entwicklung von zwei neuen Methoden zur Modellierung von Lichtquellen. Diese Modelle bieten entscheidende Vorteile gegenüber bestehenden Beschreibungen. Sie beinhalten Punktquellen und ermöglichen damit den Einsatz einer Reihe von bewährten Designmethoden. Gleichzeitig berücksichtigen sie den ausgedehnten Charakter der Lichtquellen und verbessern die Ergebnisse von Initialentwürfen. Beide Ansätze werden zunächst methodisch und dann in beispielhaften Anwendungen präsentiert.

Kapitel 6 stellt eine Erweiterung des Prozessschrittes der Entwurfsoptimierung für Freiform-Flächen vor. Die grundlegende Idee darin ist ein systematischer Vergleich der Lichtverteilungen des aktuellen optischen Systems und der gewünschten Beleuchtung. Neben der Beschreibung des entsprechenden Algorithmus zur iterativen Verbesserung einer Freiform-Fläche demonstrieren einige beispielhafte Anwendungen dessen Möglichkeiten.

Einen anderen Ansatz zur Entwurfsoptimierung von Freiform-Optiken führt Kapitel 7 vor. Darin findet zunächst eine systematische Analyse der verschiedenen Aspekte der mathematischen Optimierungstheorie bei ihrer Anwendung für Freiform-Optiken in der Allgemeinbeleuchtung statt. Die dabei gewonnen Erkenntnisse sind Basis verschiedener, neuer Entwicklungen, die existierende Probleme der Optimierung lösen. Als wichtigster Aspekt erweist sich im Zuge dessen die Festlegung neuer geometrischer Optimierungsvariablen. Diese werden über das Verfahren der Freiform-Deformation definiert und eignen sich sehr gut zur Entwurfsoptimierung von Freiform-Flächen.

Ein Synthese-Algorithmus fasst die neuen Methoden schließlich zu einem automatisierten Verfahren, der OFFD zusammen. Die für jede Anwendung flexibel wählbaren Parameter werden analysiert und entsprechende Richtlinien entwickelt. Einige beispielhafte Anwendungen bei der Entwurfsoptimierung von Freiform-Optiken für LED-Systeme zeigen die Leistungsfähigkeit des Verfahrens. Als Validierung dient zuletzt der Vergleich der Simulationsdaten einer solchen Optik mit den Messdaten eines hergestellten Prototyps.

Die in in dieser Arbeit präsentierten Ergebnisse werden in Kapitel 8 diskutiert und in einen Gesamtzusammenhang gesetzt. Eine Betrachtung der Grenzen und Möglichkeiten der vorgestellten Methoden verdeutlicht deren Einsatzbereiche und erörtert ihre Anwendung in der Praxis.

Kapitel 9 fasst schließlich die Ergebnisse der Arbeit zusammen. Ein Ausblick zeigt außerdem eine Reihe von Ansatzpunkten und Ideen für weitere Verbesserungen des Designprozesses von Freiform-Optiken für LEDs in der Allgemeinbeleuchtung auf.

Kapitel 2

Grundlagen

Dieses Kapitel geht auf die für das weitere Verständnis der Arbeit notwendigen Grundlagen ein. Dabei wird zunächst auf die Unterscheidung der Beschreibung einer Lichtquelle in Nah- bzw. Fernfeld eingegangen. Anschließend werden die Prinzipien der geometrischen Optik und deren Einsatz bei der Strahlverfolgung in aktueller Simulationssoftware zusammengefasst. Zuletzt werden die wichtigsten Formen der mathematischen Darstellung geometrischer Objekte innerhalb einer solchen Software vorgestellt. Eine Einführung in die relevanten lichttechnischen Grundgrößen kann der Literatur entnommen werden [5, 6, 7].

2.1 Fernfeld und Nahfeld einer Lichtquelle

Bei der Beschreibung von Lichtquellen in der Allgemeinbeleuchtung ist eine Unterscheidung zwischen dem Nah- und Fernfeld einer Lichtquelle für diese Arbeit von besonderer Bedeutung.

Fernfeld

Wenn eine Lichtquelle gegenüber den Dimensionen eines optischen Systems als klein gilt und außerdem ihr Strahlungsverhalten nicht zu stark gerichteten Charakter aufweist, kann man sie als Punktlichtquelle approximieren und befindet sich damit in ihrem Fernfeld. Das ermöglicht viele grundsätzlich andere und oftmals einfachere Methoden im Umgang mit dieser Lichtquelle. Neben photometrischen Messungen betrifft das auch die theoretische Behandlung in Simulation und Entwurf.

Für die vollständige Charakterisierung der Abstrahlung einer Punktquelle genügt eine Lichtstärkeverteilung $I(\theta, \phi)$. Die erzeugte Beleuchtungsstärke E auf einer in einem Winkel θ zur Quelle verkippten Fläche in einer Entfernung r kann dann auf einfache Art und Weise mit dem photometrischen Entfernungsgesetz nach Gln. 2.1 berechnet werden.

$$E = \frac{I}{r^2} \cos(\theta) \tag{2.1}$$

Der Fehler, den man durch diese Approximation gegenüber einer räumlich ausgedehnten Lichtquelle macht, kann für einfache Fälle mit Hilfe des photometrischen Grundgesetzes berechnet werden. Für eine kreisförmige, Lambertsch abstrahlende Scheibe mit dem Radius r_Q, die aus einem Abstand d betrachtet wird, ist der Zusammenhang mit dem Fehler δ durch Gln. 2.2 gegeben.

$$\frac{d}{r_Q} = \sqrt{\frac{1 - \delta}{\delta}} \tag{2.2}$$

Um beispielsweise einen Fehler von $\delta = 1\%$ nicht zu überschreiten, muss man demnach eine minimale Entfernung d einhalten, die etwa dem zehnfachen des Radius der Lichtquelle entspricht. Dieser Abstand wird auch als photometrische Grenzentfernung bezeichnet.

NAHFELD

Innerhalb der photometrischen Grenzentfernung, also im Nahfeld einer Lichtquelle, muss deren räumliche Ausdehnung für die Beschreibung des Strahlungsverhaltens berücksichtigt werden. Das erfordert die Kenntnis der entsprechenden Leuchtdichteverteilung $L(x, y, \theta, \phi)$, die sowohl messtechnisch als auch in der Handhabung für Simulation und Berechnung einen wesentlich höheren Aufwand erfordert als eine Lichtstärkeverteilung. Damit einhergehend ändern sich die Methoden und Anforderungen beim Entwurf optischer Systeme im Nahfeld einer Lichtquelle maßgeblich. Die Ursache dafür ist im Wesentlichen, dass sich an jeder Position im Nahfeld unterschiedliche Abstrahlungsrichtungen überlagern.

2.2 GEOMETRISCHE OPTIK

Um die Ausbreitung und Wechselwirkungen von Licht in der Allgemeinbeleuchtung zu beschreiben, verwendet man in der Regel die geometrische Optik. Diese Darstellung vernachlässigt die Welleneigenschaften der elektromagnetischen Strahlung zugunsten einer Lichtstrahlen-basierten Betrachtung. Diese Herangehensweise ist eine Näherung, die dann gültig ist, wenn die Wellenlängen der Strahlung innerhalb des betrachteten optischen Systems wesentlich kleiner sind als die Abmessungen der relevanten Objekte in diesem System. Mathematisch betrachtet lässt sich die Strahlenoptik mit dem Übergang $\lambda \to 0$ aus der Wellenoptik ableiten[8].

In der geometrischen Optik ist ein Lichtstrahl eine vektorielle Größe, deren Richtung die Lichtausbreitungsrichtung beschreibt. Lichtstrahlen verlaufen beginnend bei einer Lichtquelle in einem optisch homogenen Medium geradlinig. Trifft ein Lichtstrahl auf einen Übergang zwischen zwei Medien mit den Brechungsindizes n_1 und n_2, so findet eine Wechselwirkung statt, die die Richtung des Lichtstrahls abhängig von den geometrischen und optischen Eigenschaften des Übergangs ändert. Am wichtigsten sind dabei die Reflexion und die

Lichtbrechung, die beide auf das Fermatsche Prinzip[1] als grundlegendes Konzept zurückgeführt werden können.

Bei der spiegelnden Reflexion verbleibt der Strahl im ursprünglichen Medium und ändert seine Richtung derart, dass die Winkel α und α' zum Lot auf der Oberfläche für den einfallenden und den reflektierten Strahl gleich sind. Bei der Lichtbrechung dagegen tritt der Lichtstrahl in das zweite Medium ein und verläuft dort in eine Richtung mit dem Winkel β zum Lot. Der Zusammenhang kann mit dem Snelliusschen Brechungsgesetz laut Gln. 2.3 berechnet werden.

$$n_1 \sin(\alpha) = n_2 \sin(\beta) \qquad (2.3)$$

Wie daraus hervorgeht, wird der Strahl für $n_1 < n_2$ zum Lot hin gebrochen und es gilt $\beta < \alpha$. Für $n_1 > n_2$ dagegen vergrößert sich der Winkel zum Lot im zweiten Medium und es kommt für $\alpha > \alpha_c$ zur Totalreflexion. Darin ist α_c der kritische Winkel gemäß Gln. 2.4.

$$\alpha_c = \arcsin\left(\frac{n_2}{n_1}\right) \qquad (2.4)$$

Für die Berechnung der Lichtausbreitung in optischen Systemen der Allgemeinbeleuchtung mit der geometrischen Optik sind die spiegelnde Reflexion und die Lichtbrechung für eine Abschätzung oftmals bereits ausreichend. Der nächste Schritt hin zu einer präziseren Berechnung ist in vielen Fällen die Berücksichtigung der Fresnelschen Formeln[2]. Mit ihrer Hilfe können winkel- und brechungsindexabhängige Transmissions- und Reflexionsgrade τ und ρ berechnet werden.

---

[1]Das Fermatsche Prinzip bezeichnet die grundlegende Hypothese, dass der Pfad, den ein Lichtstrahl zwischen zwei festen Punkten in einem optischen System nimmt, stets die Eigenschaft hat, ein Extremum der optischen Weglänge bei Variation darzustellen.

[2]Die Herleitung der Fresnelschen Formeln basiert auf der Behandlung von Licht als elektromagnetische Welle. Unter Berücksichtigung der beiden Polarisationszustände TM und TE und mit den Maxwellschen Gleichungen werden τ und ρ als Amplitudenquadrate berechnet. Das ermöglicht so auch für die geometrische Optik eine genaue Berechnung der energetischen Anteile von Transmission und Reflexion.

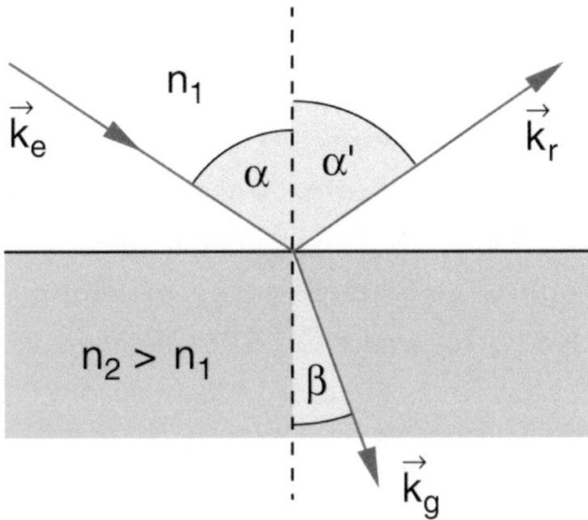

Abbildung 2.1: Schematische Darstellung der Wechselwirkungen eines Lichtstrahls an der Grenzfläche zwischen zwei Medien[9].

Damit wird der prozentuale Anteil des Lichts angegeben, der bei der Berechnung der Lichtbrechung an einem Übergang zwischen zwei Medien transmittiert bzw. reflektiert wird. Eine schematische Darstellung des Strahlenverlaufs für einen einfallenden Strahl $\vec{k}_e$ unter Winkel α zum Lot auf einen Übergang zwischen zwei Medien mit Brechungsindizes $n_1 < n_2$ zeigt Abb. 2.1. Darin tritt der Anteil τ des einfallenden Lichts unter Winkel β als gebrochener Strahl $\vec{k}_g$ in das Medium ein, während der Anteil ρ in Richtung $\vec{k}_r$ reflektiert wird.

Die bisher genannten und zahlreiche weitere Berechnungsmethoden und Effekte der geometrischen Optik sind in softwarebasierten Strahlverfolgungsprogrammen, den sog. Raytracern, implementiert. Sie erlauben die Analyse des Strahlungsverhaltens in Systemen der Allgemeinbeleuchtung und werden als wichtiges Hilfsmittel für diese Arbeit in Abschnitt 2.3 genauer vorgestellt. Weitere Informationen zur geometrischen Optik bietet die Literatur[10].

ÉTENDUE

Die Étendue G ist eine geometrische Größe, die sich beim Durchgang von Strahlung durch ein verlustfreies optisches System nicht verkleinert und bei Vernachlässigung von Streueffekten erhalten bleibt[3]. Insbesondere im Kontext der Betrachtung ausgedehnter Lichtquellen in den nicht-abbildenden Systemen der Allgemeinbeleuchtung spielt die Étendue eine wichtige Rolle. Für eine Lichtquelle der Fläche A, die sich innerhalb eines Materials mit dem Brechungsindex n befindet, kann G über Gln. 2.5 berechnet werden. Die Raumwinkelintegration wird dabei über den von der Apertur des optischen Systems erfassten Winkelbereich Ω durchgeführt. θ bezeichnet den Winkel zwischen dem Normalenvektor des Flächenelements $\mathrm{d}A$ und der Strahlungsrichtung.

$$G = n^2 \int_A \int_\Omega \cos(\theta)\,\mathrm{d}A\,\mathrm{d}\Omega \qquad (2.5)$$

Daraus folgen grundlegende Beschränkungen für die Licht- oder Beleuchtungsstärkeverteilungen, die sich bei festgelegten Dimensionen von Lichtquelle und optischen Elementen durch optische Systeme erzielen lassen. An diese Étendue-bedingten Grenzen stoßen vor allem Systeme, die Licht im Winkel- oder Ortsraum stark fokussieren oder scharfe Kanten in den gewünschten Verteilungen beinhalten. Je höher die Anforderungen dieser Art sind, desto größer muss zu deren Erfüllung das optische System im Vergleich zur Lichtquelle werden. Umgekehrt bedeutet das, dass die später betrachteten Entwürfe von Freiform-Linsen im Nahfeld einer Lichtquelle einer grundsätzlichen Beschränkung bezüglich der mit ihnen erreichbaren Licht- oder Beleuchtungsstärkeverteilungen unterliegen. Weitere Details zur

---

[3]Die Erhaltung der Étendue kann auf verschiedenen Wegen gezeigt werden, beispielsweise durch die Gesetze der Thermodynamik oder als Integrationskonstante im Rahmen einer Formulierung als Hamiltonisches System.

Étendue in der nicht-abbildenden Optik sind in der Literatur zu finden[11, 12].

2.3 SOFTWAREBASIERTE STRAHLVERFOLGUNG

Für Entwurf und Analyse der Lichtausbreitung in Systemen der Allgemeinbeleuchtung war es lange Zeit notwendig, mit Hilfe der Prinzipien der geometrischen Optik den Verlauf von Lichtstrahlen manuell zu berechnen. Dadurch konnten nur vergleichsweise wenige Strahlen und stark vereinfachte Systeme behandelt werden. Eine realitätsnahe Vorhersage war kaum möglich.

Das hat sich durch die Entwicklung der Computertechnologie und der zur Verfügung stehenden Rechenleistung moderner Prozessoren grundlegend geändert. Mithilfe von sog. Raytracing-Programmen ist es möglich eine virtuelle Umgebung im Computer zu entwerfen, die sehr viele der relevanten Aspekte eines optischen Systems beinhaltet. Indem auf nicht-sequenzielle[4] Art Verlauf und Wechselwirkungen einer großen Anzahl von Strahlen typischerweise im Bereich von 10^5 bis $5 \cdot 10^6$ berechnet werden, sind sehr akkurate Vorhersagen einer Beleuchtungssituation für ein gegebenes System möglich. Man nutzt dabei häufig das Konzept der Monte-Carlo-Simulation. Dieses Verfahren aus der Stochastik basiert auf der Verwendung von Zufallszahlen,

---

[4]Raytracing kann auf sequentielle oder nicht-sequentielle Weise durchgeführt werden. Bei Ersterem wird eine feste Reihenfolge der optisch aktiven Flächen festgelegt, die die Strahlen durchlaufen. Damit gibt es für jeden Strahl eine definierte Anzahl an Schnittpunktberechnungen und Wechselwirkungen. Bei Letzterem dagegen werden für jeden Strahl alle Flächen des Systems analysiert. Nachdem die im Sinne der geometrischen Optik nächstliegende Fläche ermittelt wurde, findet eine Wechselwirkung statt. Dieses Verfahren wird so lange wiederholt, bis der Strahl absorbiert wurde oder das System verlässt. Dieser nicht-sequentielle Ansatz ist wesentlich rechenintensiver, aber für die Simulationen der Allgemeinbeleuchtung meistens notwendig.

um Berechnungen analytisch nicht lösbarer Zusammenhänge numerisch zu bestimmen. Der damit verbundene statistische Fehler σ hängt mit der Anzahl der simulierten Strahlen N über die in Gln. 2.6 gezeigte Proportionalität zusammen und ist damit gut kontrollierbar. Alternativ zum Monte-Carlo-Ansatz eignen sich für andere Systeme Analysen mit festen, rasterartigen Verteilungen von Lichtstrahlen.

$$\sigma \sim \frac{1}{\sqrt{N}} \tag{2.6}$$

Entscheidend für die Qualität und Realitätsnähe einer Raytracing-Simulation sind allerdings neben der Anzahl der berechneten Strahlen vor allem die gewählten Modellierungen der Lichtquelle, der geometrischen Objekte und der berücksichtigten optischen Effekte. Je genauer und damit komplexer die entsprechenden Modelle definiert werden, desto mehr Zeit wird für die softwareseitige Konstruktion, Durchführung und Analyse der Simulation benötigt. Von besonderer Bedeutung sind in diesem Zusammenhang die Anzahl und die Art der Flächen des Systems. Beim nicht-sequentiellen Raytracing machen sie durch die Berechnungen der Strahl-Flächen-Schnittpunkte und der Flächen-Normalen den größten rechnerischen Aufwand aus. Je einfacher andererseits das Simulationsmodell gehalten wird, umso weniger aussagekräftig ist das Ergebnis und umso weiter kann es von der Realität abweichen. Ein geeigneter Kompromiss zwischen Genauigkeit und Art der Modellierungen und dem damit verbunden Aufwand gehört zu den anspruchsvollsten Aspekten bei der Verwendung eines Raytracers.

Nach der Durchführung einer Simulation können eine Vielzahl von Analysen der Beleuchtungssituation durchgeführt werden. Zu den wichtigsten gehören Licht- und Beleuchtungsstärkeverteilungen, meistens bezogen auf ausgewählte Lichtaustritts- oder Detektorflächen. Von hohem Interesse sind außerdem Analysen zur Quantifizierung der

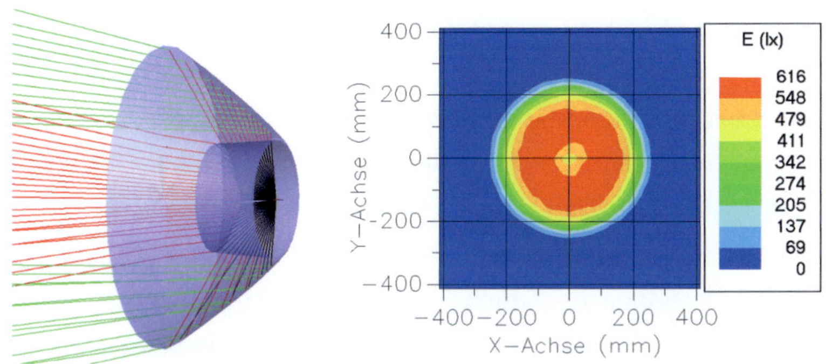

Abbildung 2.2: Beispielhafte Darstellung der Simulation einer PMMA Totalreflexions(TIR)-Hybridoptik in FRED[13] als Strahlenverlauf eines von einer Punktquelle ausgehenden Strahlenfächers (links) sowie als Beleuchtungsstärkeverteilung auf einer Detektorfläche vor der Optik (rechts).

Lichtstromteile, die unterschiedlichen Pfaden oder Prozessen innerhalb der Systems zugewiesen werden können, darunter Absorptions- und sonstigen Verlustprozessen.

Für die photometrischen Simulationen in dieser Arbeit wurde das Programm FRED[13] verwendet. Eine beispielhafte Darstellung eines Raytracing-Prozesses und einer Beleuchtungsstärkeanalyse aus FRED zeigt Abb. 2.2.

In den folgenden Abschnitten 2.4 und 3.1.3 wird auf die im Rahmen dieser Arbeit besonders wichtigen Aspekte der Darstellung geometrischer Objekte bzw. der Lichtquellen innerhalb einer Simulationsumgebung genauer eingegangen.

2.4 DARSTELLUNG GEOMETRISCHER OBJEKTE

Dieser Abschnitt stellt die im Kontext des Optikentwurfs wichtigsten Arten zur mathematischen Beschreibung geometrischer Objekte und ihre Eigenschaften vor.

Eine im Rahmen dieser Arbeit geeignete Möglichkeit, Kurven- und Flächendefinitionen zu ordnen, ist die Betrachtung ihrer Freiheitsgrade. Damit ist die Anzahl der Parameter gemeint, die nötig ist, um die entsprechende Geometrie zu definieren. Mit der Anzahl der Freiheitsgrade bei der Beschreibung eines geometrischen Objekts wie etwa einer Linsenfläche steigt die Komplexität bei deren Handhabung im Allgemeinen und insbesondere der rechnerische Aufwand bei der Strahlverfolgung. Andererseits vergrößern sich aber auch die Möglichkeiten bei der Gestaltung der Lichtlenkung, was aus Sicht des Optikdesigns sehr vorteilhaft ist.

Zu den einfachsten Flächen, die in der Optik zur Anwendung kommen, gehören solche, die durch Rotation eines Kegelschnitts[5] um eine Symmetrieachse entstehen. Die zugrunde liegenden Kurven werden über die beiden Parameter R (Radius) und k (konische Konstante) festgelegt. Eine übliche Erweiterung dieser Beschreibung um einzelne, weitere Freiheitsgrade ist die Verwendung von geradzahligen Polynom-Termen höherer Ordnung. Mit den Asphären-Koeffizienten A_i ergibt sich damit Gln. 2.7. In Abb. 2.3 werden einige beispielhafte Kurven für unterschiedliche Parameter gezeigt.

$$y(x) = \frac{1}{R \cdot \left(1 + \sqrt{1 - (1+k) \cdot \left(\frac{x}{\sqrt{R}}\right)^2}\right)} x^2 + A_4 \cdot x^4 + A_6 \cdot x^6 + \ldots$$

$$(2.7)$$

[5]Kegelschnitte sind die verschiedenen Arten von Kurven, die durch den Schnitt einer Ebene mit einem geraden Kegel entstehen. Je nach Lagebeziehung erhält man so einen Kreis, eine Ellipse, eine Parabel oder eine Hyperbel.

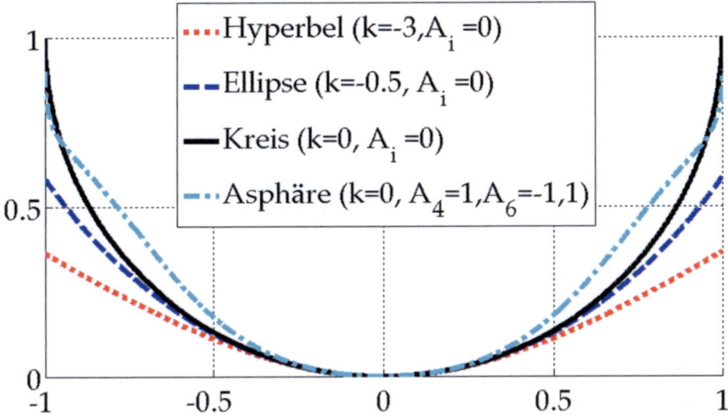

Abbildung 2.3: Darstellung der Kurven nach Gln. 2.7 für beispielhaft gewählte Werte der Parameter k, A_4 und A_6 mit $R = 1$

Da es keine einheitliche Definition der Begriffe **Freiform-Kurve** oder **Freiform-Fläche** gibt, werden in dieser Arbeit alle Kurven bzw. Flächen als Freiformen bezeichnet, die nicht durch eine Asphäre bzw. deren Rotationskörper beschrieben werden können.

Die bisher genannten Flächen fallen in den Bereich der expliziten, globalen Darstellungen und zeichnen sich durch einen direkten funktionalen Zusammenhang aus, bei dem alle definierenden Parameter an jeder Stelle der Fläche von Bedeutung sind. In die gleiche Kategorie fällt auch eine polynomiale Flächendarstellung gemäß Gln. 2.8. Sie kann auch nicht-rotationssymmetrische Geometrien beschreiben.

$$z(x,y) = c_0 + c_1 x + c_2 y + c_3 x^2 + c_4 xy + c_5 y^2 + c_6 x^3 + \ldots \qquad (2.8)$$

Eine alternative Form für globale Flächendefinitionen sind endliche Summen mit gegebenen Basisfunktionen f_i. Eine parametrische[6] Darstellung einer solchen Fläche hat die in Gln. 2.9 gezeigte Form.

$$\mathbf{P}(u,v) = \sum_{i=1}^{n} \mathbf{a}_i f_i(u,v) \tag{2.9}$$

Darin sind die $\mathbf{a}_i$ die Koeffizienten der Basisfunktionen f_i , beispielsweise der Zernike-Polynome[14] oder der Legendre-Polynome[15]. Die Anzahl der Freiheitsgrade einer solchen Fläche ist bei drei Komponenten der $\mathbf{a}_i$ gegeben durch $3 \cdot n$.

Im Prinzip lassen sich auf diese Art auch sehr komplexe Flächen mit vielen Freiheitsgraden global beschreiben. Allerdings ergeben sich dann insbesondere beim Raytracing solcher Flächen numerische und andere Schwierigkeiten. Daher hat sich als sehr weitverbreiteter Standard bei der Beschreibung von Flächen und Kurven im Bereich des CAD (engl. *Computer Aided Design* - Computergestütztes Konstruieren) eine lokale Darstellung durchgesetzt. Die grundsätzliche Idee dabei ist es, dass an einer beliebigen Stelle $\mathbf{P}_a = \mathbf{P}(u_a)$ bzw. $\mathbf{P}_a = \mathbf{P}(u_a, v_a)$ einer als parametrischen Summe beschriebenen Kurve oder Fläche nur ein sehr limitierter Anteil der n Basisfunktionen beiträgt, während für alle anderen Basisfunktionen $f_i(u_a, v_a) = 0$ gilt. Damit wird in der Praxis die intuitive Modifikation geometrischer Objekte ebenso maßgeblich erleichtert wie die mathematische Handhabung etwa bei der Berechnung von Schnittpunkten und Flächen-Normalen innerhalb einer Raytracing-Software.

---

[6]Bei einer parametrischen Flächenbeschreibung nutzt man zwei reelle Parameter innerhalb eines festgelegten Definitionsbereichs, z.B. $u, v \in [0,1]$, die über einen funktionalen Zusammenhang die Koordinaten der Punkte der Fläche festlegen. Diese Art der Beschreibung erlaubt gegenüber anderen Möglichkeiten eine universellere Einsetzbarkeit und bietet Vorteile bezüglich geometrischer Transformationen.

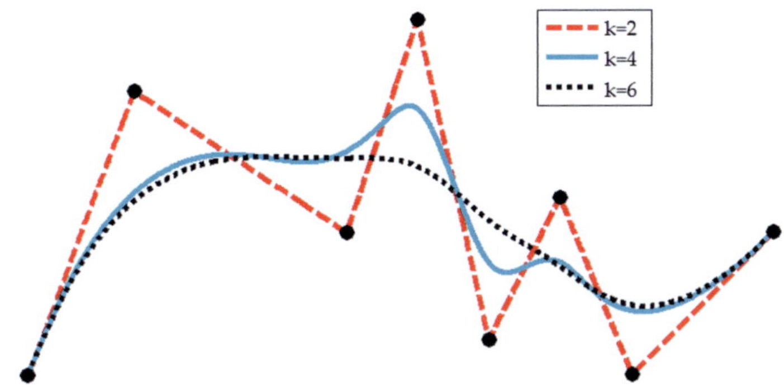

Abbildung 2.4: Darstellung einer B-Spline-Kurve mit 7 Kontrollpunkten (schwarze Kreise) für verschiedene Grade k.

B-SPLINE KURVEN

Die wichtigsten im Rahmen dieser Arbeit verwendeten Darstellungen dieser Art für Kurven und Flächen basieren auf sog. B-Splines. Die Basisfunktionen einer B-Spline-Kurve sind stückweise definierte Polynome eines Grades $k - 1$, die an ihren Grenzen gewissen Stetigkeitsbedingungen auch bezüglich ihrer Ableitungen genügen müssen. Die Freiheitsgrade bei der Definition einer B-Spline-Kurve sind gegeben durch die Komponenten der $n + 1$ Kontrollpunkte $\mathbf{b}_i$. Zur vollständigen Definition der Basisfunktionen k-ter Ordnung $N_i^k(u)$ ist noch die Festlegung eines Knotenvektors $\mathbf{x}_K \in \mathbb{R}^{n+1+k}$ nötig, der einer stückweisen Einteilung innerhalb des Definitionsbereichs $u \in [u_{min}, u_{max}]$ entspricht. Insgesamt lässt sich damit eine nicht-rationale B-Spline-Kurve $\mathbf{P}$ gemäß Gln. 2.10 definieren. Eine beispielhafte Abbildung einer B-Spline-Kurve zeigt Abb. 2.4.

$$\mathbf{P}(u) = \sum_{i=1}^{n+1} \mathbf{b}_i \cdot N_i^k(u), \quad 2 \leq k \leq n + 1 \tag{2.10}$$

Weitere Details zur Definition der Knoten-Vektoren und der über eine Rekursionsformel festgelegten $N_i^k(u)$ können der Literatur entnommen werden [16, 17, 18, 19, 20].

Um weitere Freiheitsgrade zu ergänzen und manche Kurvenformen wie etwa die exakte Repräsentation eines Kreises möglich zu machen, kann Gln. 2.10 auf die rationalen B-Spline-Kurven nach Gln. 2.11 erweitert werden. Darin sind die $w_i \in \mathbb{R}$ zusätzliche Gewichtsfaktoren, die den Kontrollpunkten zugeordnet werden.

$$\mathbf{P}(u) = \frac{\sum_{i=1}^{n+1} \mathbf{b}_i w_i \cdot N_i^k(u)}{\sum_{i=1}^{n+1} w_i \cdot N_i^k(u)} \tag{2.11}$$

B-SPLINE FLÄCHEN

Die direkte Übertragung der obigen Beschreibung als lokale, parametrische Darstellung auf Flächen sind die B-Spline-Tensorproduktflächen. Ihre nicht-rationale Form zeigt Gln. 2.12. Darin sind die Kontrollpunkte als $(n+1) \times (m+1)$-Matrix aus 3-dimensionalen Ortsvektoren $\mathbf{b}_{i,j}$ gegeben.

$$\mathbf{P}(u,w) = \sum_{i=1}^{n+1} \sum_{j=1}^{m+1} \mathbf{b}_{i,j} N_i^k(u) N_j^l(w) \tag{2.12}$$

Analog zu den Kurven-Definitionen kann auch hier eine rationale Darstellung festgelegt werden. Wenn man nun noch nicht-uniforme[7]

---

[7]Einem nicht-uniformen Knotenvektor $\mathbf{x}_K$ liegt eine bestimmte Definition zugrunde, bei der der gleiche Wert mehrfach vorkommen kann. Das ist in der Anwendung in der Regel am Anfang und Ende von $\mathbf{x}_K$ der Fall.

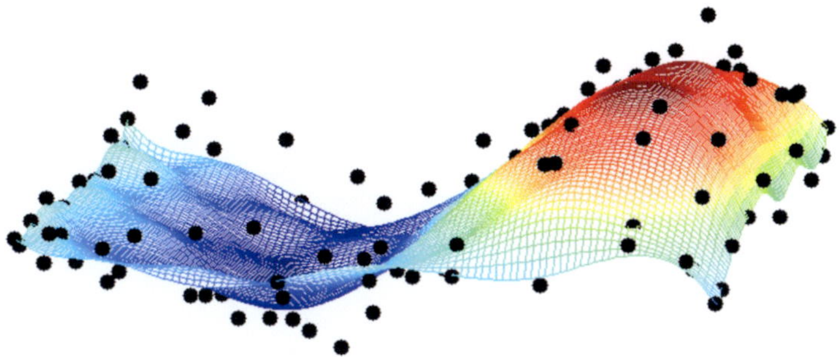

Abbildung 2.5: Beispielhafte Darstellung einer NURBS-Freiform-Fläche. Die Kontrollpunkte $\mathbf{b}_{i,j}$ werden durch schwarze Punkte repräsentiert.

Knotenvektoren für die beiden Parameter u und v zugrunde legt, erhält man die sog. NURBS-Flächen[8] nach Gln. 2.13.

$$\mathbf{P}(u,w) = \sum_{i=1}^{n+1} \sum_{j=1}^{m+1} \frac{h_{i,j}\mathbf{b}_{i,j}N_i^k(u)N_j^l(w)}{h_{i,j}N_i^k(u)N_j^l(w)} \tag{2.13}$$

Eine beispielhafte Darstellung einer NURBS-Repräsentation einer Freiformfläche zeigt Abb. 2.5. Weitere Details liefert die Literatur [18, 20]. Nahezu alle kommerziellen CAD-Programme verwenden Datenformate, die auf einer NURBS-Beschreibung basieren. Zu den am weitesten verbreiteten gehören die Formate IGES[9] und STEP[10]. Aus diesem Grund werden als Grundlage zur Darstellung und Manipulation aller Flächen in dieser Arbeit NURBS eingesetzt.

---

[8]NURBS=Nicht-Uniform Rationale B-Splines
[9]Initial Graphics Exchange Specification
[10]Standard for the Exchange of Product model data

KAPITEL 3

DER ENTWICKLUNGSPROZESS OPTISCHER SYSTEME IN DER ALLGEMEINBELEUCHTUNG

Die Entwicklung des optischen Systems einer Leuchte in der Allgemeinbeleuchtung ist ein komplexer, interdisziplinärer Prozess, bei dem von der ersten Planung bis zur Realisierung zahlreiche Schritte durchlaufen werden. Die Zielsetzung bzw. Aufgabenstellung einer solchen Entwicklung ist in Abb. 3.1 schematisch dargestellt und lässt sich sehr einfach zusammenfassen: Das von einer oder mehreren Lichtquellen emittierte Licht soll mit Hilfe eines optischen Systems so umgelenkt werden, dass eine gewünschte Lichtverteilung zufriedenstellend erreicht wird. Dabei spielen zahlreiche Rahmenbedingungen eine wichtige Rolle, wie etwa geometrische Begrenzungen, einsetzbares Material, Kosten und Dauer der Entwicklung, Styling, fertigungstechnische Parameter und vieles mehr. Die Zielsetzung kann neben gewünschten Lichtstärke- oder Beleuchtungsstärkeverteilungen noch diverse andere Parameter enthalten wie etwa Effizienzen, Farbkoordinaten oder Leuchtdichtewerte.

Für den Ablauf bei der Entwicklung optischer Systeme in der Allgemeinbeleuchtung gibt es in der Literatur keine festgelegte Vorgehensweise. Daher wird in diesem Kapitel zunächst eine Analyse einer solchen Entwicklung auf Prozessebene durchgeführt. Die für die verschiedenen Schritte als Stand der Technik zu betrachtenden Methoden werden dargestellt und klassifiziert. In dieses Schema können dann

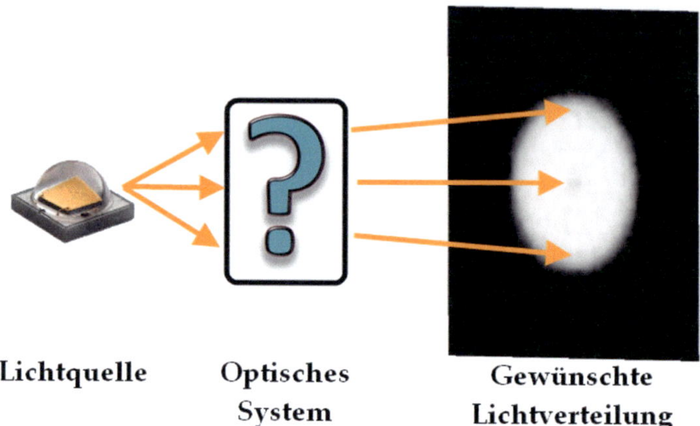

Abbildung 3.1: Schematische Skizze zur Problemstellung bei der Entwicklung eines optischen Systems in der nicht-abbildenden Optik

die im weiteren Verlauf der Arbeit vorgestellten, neuen Methoden den entsprechenden Prozessschritten zugeordnet werden und ihr Verbesserungspotential in einen Gesamtzusammenhang gesetzt werden.

Grundsätzlich lässt sich ein typischer Entwicklungsprozess in drei verschiedene Prozessschritte unterteilen: Das **Optikdesign**, die **Fertigung** und die **Validierung**. Diese Einteilung sowie die Reihenfolge des Ablaufs und bestehende Wechselwirkungen werden in Abb. 3.2 dargestellt. Das Optikdesign enthält dabei alle Aspekte, die in Zusammenhang mit Planung des optischen Systems, Berechnung und Simulation stehen und mündet in die CAD-Daten[1] optischer Bauteile. Bis hierhin findet die Entwicklung in einer virtuellen Umgebung innerhalb von Software und Berechnung statt. Anschließend folgt eine Realisierung in Form einer Prototypenfertigung. Falls dabei Probleme

---

[1]CAD-Daten (engl. *Computer Aided Design* = computergestütztes Konstruieren) beschreiben die Geometrie von Bauteilen in einem universellen Format.

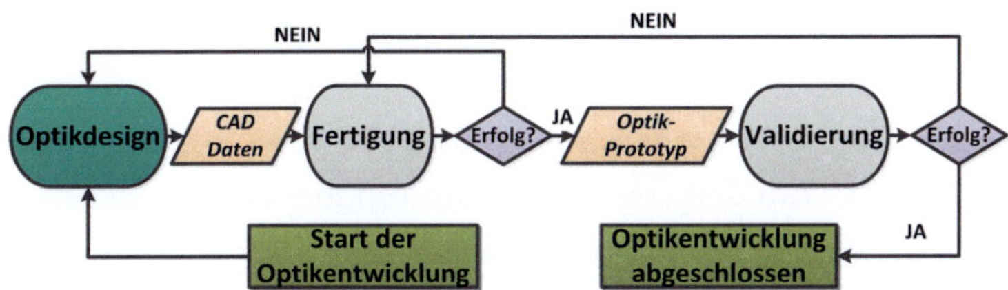

Abbildung 3.2: Prozessablauf bei der Entwicklung optischer Systeme in der Allgemeinbeleuchtung

auftreten, die nicht durch Anpassung des Fertigungsprozesses gelöst werden können, kann eine Überarbeitung des optischen Designs nötig werden. Nach erfolgreicher Herstellung schließt sich ein Validierungsprozess an, der im Wesentlichen die Überprüfung der lichttechnischen Funktionen der Bauteile beinhaltet. Die Entwicklung des optischen Systems ist abgeschlossen, wenn eine ausreichende Übereinstimmung der bei der Validierung ermittelten photometrischen Kenngrößen mit der Zielstellung erreicht wurde. Andernfalls können Modifikationen des Herstellungsprozesses nötig werden, um eine bessere Übereinstimmung des Prototyps mit den durch das Optikdesign vorgegebenen Eigenschaften der Bauteile zu erwirken.

Im Folgenden wird der für diese Arbeit wesentliche Optikdesignprozess detailliert vorgestellt. Anschließend folgt eine zusammenfassende Beschreibung der wichtigsten Aspekte von Fertigung und Validierung, die in sich wiederum komplex und vielschichtig sind, hier aber eine eher untergeordnete Rolle spielen.

3.1 DER OPTIKDESIGNPROZESS

Obwohl sich die optischen Systeme in der Allgemeinbeleuchtung beispielsweise für eine Taschenlampe, eine Straßenleuchte oder eine Raumbeleuchtung stark unterscheiden, kann man den Ablauf des entsprechenden Optikdesignprozesses weitgehend einheitlich beschreiben. Abb. 3.3 veranschaulicht dies als Flussdiagramm und basiert zum einen auf den verfügbaren Informationen aus der Literatur [21, 22, 23, 24] und wurde zum anderen aus einer Analyse von Designprozessen erarbeitet. Der wesentliche Ablauf und die internen Zusammenhänge werden im Folgenden zusammenfassend dargestellt. Auf weitere Details und den Stand der Technik bezüglich der einzelnen, rot eingerahmten Prozessschritte gehen die anschließenden Abschnitte ein.

Zu Beginn der Entwicklung ist es nötig, die **Zielsetzung und Rahmenbedingungen** des optischen Systems möglichst umfassend und präzise festzulegen. Das grenzt die Methoden und Parameter aller folgenden Schritte entscheidend ein. Weitere Informationen dazu enthält Abschnitt 3.1.1.

Als nächstes muss ein **optisches Konzept** festgelegt werden. Es bestimmt das grundsätzliche Prinzip der Lichtlenkung, die Anzahl der strahlformenden Elemente und den Typ und die Anzahl der eingesetzten Lichtquellen. Weitere Details diesbezüglich erklärt Abschnitt 3.1.2.

Auf Basis des optischen Konzepts erfolgt anschließend der **Initialentwurf**. Hier werden durch Anwendung geeigneter Optikdesign-Methoden und eines zugehörigen Lichtquellenmodells erste konkrete lichtlenkende Flächen berechnet und eine vereinfachte Simulationsumgebung für das optische System erstellt. Aus der Literatur sind zahlreiche Entwurfsmethoden bekannt, eine Übersicht gibt Abschnitt 3.1.3.

In der Regel zeigt der Initialentwurf bei einer detaillierten Simulation des vollständigen optischen Systems mit einem realitätsnahen Modell ausgedehnter Lichtquellen noch nicht das gewünschte Verhalten bezüglich der Zielsetzung oder hat zumindest Raum für Verbesserung.

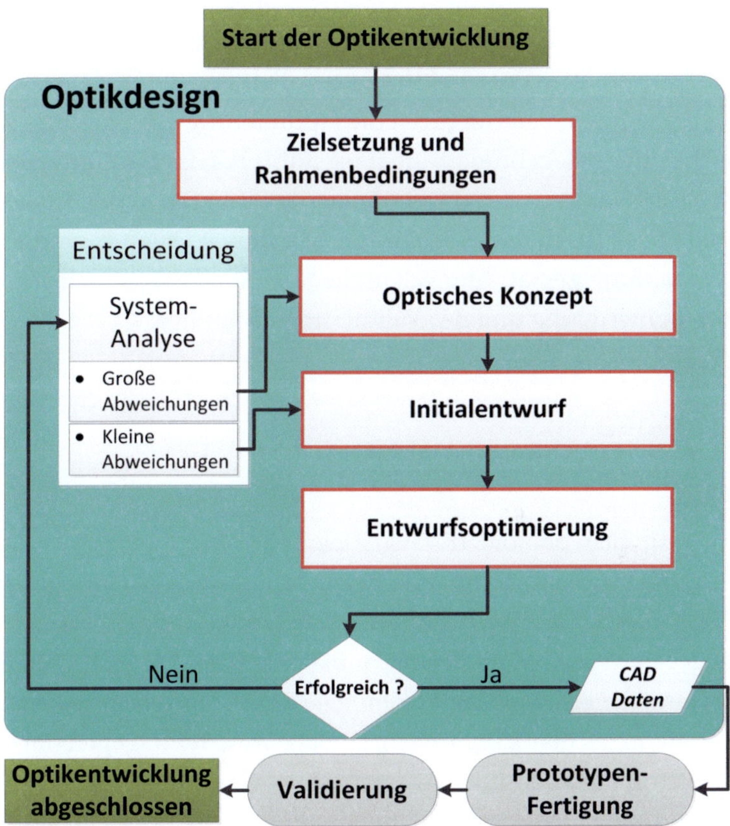

Abbildung 3.3: Flussdiagramm des Optikdesignprozesses als Teil der Entwicklung eines optischen Systems.

Daher ist eine **Entwurfsoptimierung** durch sukzessive weitere Optikdesignschritte notwendig. Eine Übersicht über die für diesen Zweck eingesetzten Verfahren gibt Abschnitt 3.1.4.

Falls es auf diesem Wege nicht gelingt, die angestrebten Beleuchtungsziele in der photometrischen Simulation zu erreichen, muss wie in Abb. 3.3 dargestellt, eine Entscheidung über die weitere Vorgehensweise getroffen werden. Falls dagegen die Optimierung des Entwurfs zum Erreichen der Beleuchtungsaufgabe geführt hat, ist der Optikdesignprozess abgeschlossen und mündet in die CAD-Daten der optischen Bauteile wie Linsen und Reflektoren. Mit diesen Daten kann die Optikentwicklung gemäß Abb. 3.2 in die folgenden Prozessschritte der Prototypenfertigung und der Validierung übergehen.

3.1.1 ZIELSETZUNG UND RAHMENBEDINGUNGEN

Die angestrebten photometrischen Ziele beinhalten typischerweise minimale und maximale Licht- oder Beleuchtungsstärken an festgelegten Positionen, wie sie etwa durch eine Norm oder andere Vorschriften vorgegeben werden. Zum Beispiel muss eine Straßenleuchte abhängig vom Einsatzbereich bestimmte minimale Beleuchtungsstärkewerte auf der Straße erreichen[25]. Ein Fahrradscheinwerfer dagegen darf zur Begrenzung von Blendung oberhalb eines gewissen Winkelbereichs eine festgelegte Lichtstärke nicht überschreiten[26], während eine zur Warnung vor Baustellen im Straßenverkehr eingesetzte Bakenleuchte Anforderungen bezüglich der Gleichmäßigkeit der Leuchtdichte erfüllen muss[27].

Eine essentielle Rolle für die weitere Planung des optischen Systems spielen neben der Zielsetzung auch die geometrischen und sonstigen Rahmenbedingungen. Diese können ebenfalls direkt aus gesetzlichen

Regelungen folgen, wie etwa eine vorgeschriebene, minimale Größe der Lichtaustrittsfläche. Andere Einflussfaktoren sind der grundsätzlich verfügbare Bauraum, thermische Aspekte oder der Kosten- und Zeitrahmen.

3.1.2 OPTISCHES KONZEPT

Zu Beginn der Wahl eines optischen Systems für eine Anwendung in der Allgemeinbeleuchtung steht die Festlegung der Lichtquellen in Art und Anzahl. In manchen Teilbereichen der nicht-abbildenden Optik wie beim Entwurf von Solarkonzentratoren entfällt dies durch eine von den äußeren Rahmenbedingungen definierte Lichtquelle. Sonst kann eine Abschätzung des für die Beleuchtungsaufgabe benötigten Lichtstroms und der erwarteten Effizienzen des Systems eine Eingrenzung liefern.

Die räumliche Ausdehnung und das Abstrahlverhalten der Quellen sind entscheidend für die Auswahl geeigneter optischer Elemente. Glüh- oder Halogenlampen beispielsweise strahlen vergleichbare Lichtstärken nahezu in den Vollraum ab und stellen räumlich gesehen relativ große Lichtquellen dar. Für solche Lichtquellen sind Reflektoren oftmals eine gute Wahl. Für die im Vergleich dazu sehr kleinen LEDs und ihre gerichtete Abstrahlung in den Halbraum dagegen eignen sich Linsen-basierte Systeme sehr gut für eine effiziente und gezielte Lichtlenkung. Für Anwendungen, bei denen die Farbmischung verschiedener Lichtquellen und/oder eine homogene Leuchtdichte einer vergleichsweise großen Lichtaustrittsfläche wichtig sind, bieten sich Lichtleitkörper an. Die drei genannten beispielartigen Konzepte werden mit einem entsprechenden Strahlenverlauf in Abb. 3.4 schematisch dargestellt.

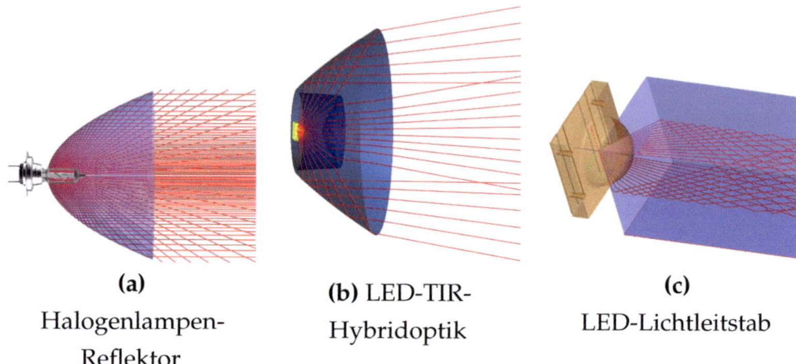

Abbildung 3.4: Gegenüberstellung grundlegender optischer Konzepte

Neben diesen optischen Konzepten gibt es noch zahlreiche andere wie Fresnel-Optiken, Mikrolinsen Arrays und weitere, die sich aus Sicht des Optikdesigns aber häufig auf die genannten Prinzipien zurückführen lassen. Weitere Informationen dazu können der Literatur entnommen werden[7, 11, 21, 22].

Auf die Wahl eines optischen Konzepts für eine bestimme Anwendung haben außerdem die geometrischen Rahmenbedingungen, wie sie im Prozessschritt zuvor festgelegt wurden, einen großen Einfluss. Berechnungen auf Basis der in Abschnitt 2.2 eingeführten geometrischen Optik und Konzepten wie der Étendue können dabei helfen, minimale Abmessungen einzelner Elemente zu definieren. Darüber hinaus müssen noch die wichtigsten Materialparameter der strahlformenden Elemente ausgewählt werden. Ihre optischen Eigenschaften wie der Brechungsindex sowie Reflexions- und Transmissionsgrade spielen für das folgende Design eine große Rolle. In der Allgemeinbeleuchtung sind die am häufigsten vorkommenden Materialien für Linsen neben

Glas die Kunststoffe PMMA[2] und PC[2]. Dagegen wird für viele reflektierende Flächen Aluminium mit Reflexionsgraden je nach Beschichtung im Bereich von 80% bis 99% verwendet. Da im Rahmen dieser Arbeit in erster Linie optische Systeme für LED-Anwendungen mit vergleichsweise gerichtetem Abstrahlverhalten in klar abgegrenzten Winkel- und Raumbereichen betrachtet werden, stehen im Folgenden vor allem Linsensysteme im Vordergrund.

3.1.3 INITIALENTWURF

Auf Basis des gewählten Konzeptes findet im Prozessschritt Initialentwurf der konkrete Entwurf optisch wirksamer Flächen statt. Aus der Literatur sind dafür zahlreiche, in Art und Berechnungsaufwand sehr unterschiedliche Designmethoden bekannt. Jede dieser Methoden verwendet ein entsprechend geeignetes Modell zur Beschreibung der Lichtquelle. Im Folgenden wird eine Übersicht über die wichtigsten Lichtquellenmodelle und anschließend über die Designmethoden gegeben.

LICHTQUELLENMODELLE

Eine wesentliche Rolle sowohl im Design- als auch im Simulationsprozess der nicht-abbildenden Optik spielt die Beschreibung der Lichtquelle. Im Wesentlichen gibt es drei verschiedene Möglichkeiten[28, 29], die sich in ihren Eigenschaften und Einsatzbereichen stark unterscheiden:

---

[2]Polymethylmethacrylat(PMMA) und die Materialgruppe der Polycarbonate(PC) sind hochtransparente Kunststoffe, deren Brechungsindices $n_{\text{PMMA}}(589\,\text{nm}) = 1,49$ und $n_{\text{PC}}(589\,\text{nm}) = 1,585$ im Bereich des sichtbaren Spektrums nur schwach von der Wellenlänge abhängen.

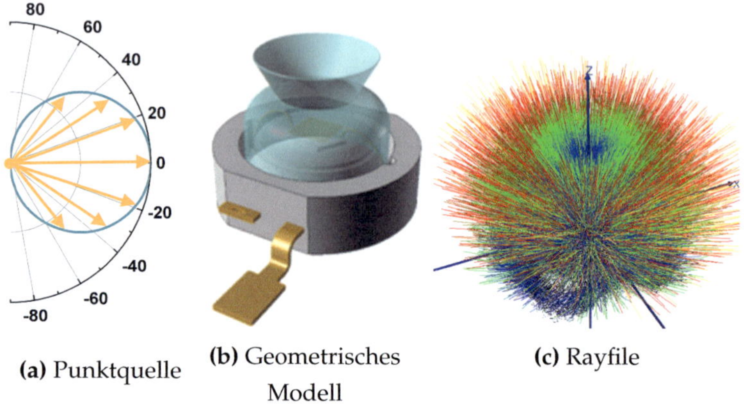

(a) Punktquelle   (b) Geometrisches Modell   (c) Rayfile

Abbildung 3.5: Beispielhafte Darstellungen der gebräuchlichsten Lichtquellenmodelle

- **Punktquelle**: Die Lichtquelle wird als Punkt im Raum mit einer zugehörigen Lichtstärkeverteilung $I(\theta, \phi)$ beschrieben. Das entspricht einer Betrachtung im Sinne des Fernfeldes.

- **Geometrisches Modell**: Die Lichtquelle wird mit Hilfe detaillierter Informationen über Geometrien, Materialeigenschaften und physikalischer Prozesse bei der Lichterzeugung innerhalb der Quelle dargestellt.

- **Rayfile**: Ein Strahldatensatz (engl. *Rayfile*) wird aus einer Messung mit einem Nahfeldgoniometer[30] und der dadurch verfügbaren Leuchtdichteinformation erzeugt[31].

Eine beispielhafte Darstellung dieser drei Modelle zeigt Abb. 3.5. Als Grundlage für die meisten Optikdesignmethoden wird aufgrund der einfachen Handhabung oder der Notwendigkeit zur mathematischen Eindeutigkeit das Punktquellenmodell eingesetzt. Für eine wesentlich präzisere Beschreibung ausgedehnter Lichtquellen innerhalb einer Simulations- oder Analysesoftware kommen dagegen geometrische

Modelle oder Rayfiles zum Einsatz. Da geometrische Modelle allerdings nur mit sehr hohem Messaufwand und umfangreichen, oft vom Hersteller nicht frei verfügbaren Detail-Informationen zur Lichtquelle entworfen werden können, entsprechen Rayfiles in der Praxis der Standard-Modellierung ausgedehnter Lichtquellen. Insbesondere bei LEDs stehen diese Rayfiles in der Regel direkt als Download zur Verfügung oder können in Lichtquellen-Datenbanken innerhalb der Simulations-Software abgerufen werden. Es gibt eine Reihe verschiedener Datenformate für Rayfiles, allerdings finden aktuell in einer internationalen Arbeitsgruppe Bemühungen zu deren Vereinheitlichung statt[32]. Im Wesentlichen enthält ein Rayfile eine Liste aus Lichtstrahlen im Sinne der geometrischen Optik. Jedem Strahl wird darin ein Startort und eine normierte Richtung sowie zusätzlich ein Lichtstromanteil $\Delta\Phi$ zugewiesen.

INITIALENTWURFSMETHODEN

Der Bereich der Methoden für den Initialentwurf nicht-abbildender Optiken befindet sich seit der Verfügbarkeit leistungsstarker Computer und den damit verbundenen Möglichkeiten zur Umsetzung umfangreicher, automatisierter Berechnungen in ständiger Weiterentwicklung. Im Folgenden wird daher nur ein Auszug aus den zahlreichen Möglichkeiten zur Berechnung refraktiver bzw. reflektiver Flächen im Sinne eines Initialentwurfs gegeben. Im Wesentlichen können die hier genannten direkten[3] Methoden in drei Gruppen eingeteilt werden[22, 33]:

---

[3]Direkte Methoden sind nach der einmaligen Anwendung eines entsprechenden Berechnungsalgorithmus abgeschlossen, während indirekte Methoden auf iterativen Prozessen beruhen.

1. Die **Kombination einfacher, geometrischer Flächen** mit bekannten und entsprechend nutzbaren optischen Eigenschaften

2. Auf dem **Randstrahlenprinzip** beruhende Konzepte, insbesondere die sog. Simultaneous Multiple Surface (SMS) - Methode

3. Die auf **Monge-Ampere-artigen Differentialgleichungen** beruhenden Ansätze, das sog. Maßschneidern optischer Flächen

Bei der ersten Gruppe werden Geometrien, deren Licht-lenkende Eigenschaften bekannt sind, genutzt und gegebenenfalls nach geeigneten Algorithmen kombiniert. Am häufigsten kommen dabei Parabeln und Ellipsen zum Einsatz. Erstere lenken bei Reflexion alle Lichtstrahlen, die in ihrem Fokuspunkt starten, zu einem parallelen Strahlenbündel um, während letztere die Strahlen des einen Fokuspunkts in den anderen überführen. Auf diese Weise werden beispielsweise einfache automobile Scheinwerfer oder Taschenlampen entworfen. Einen weiteren Schritt zu einer besseren Kontrolle des Strahlengangs kann man durch Verwendung Kartesischer Ovale[34, 35] gehen. Sie stellen eine Verallgemeinerung von Ellipsen dar und bieten mehr Designfreiheit. Die bisherigen Beispiele basieren wegen der zugrunde liegenden Fokuspunkte der eingesetzten Geometrien auf Punktlichtquellen. Allerdings sind durch entsprechend angepasste Algorithmen und eine Flächen-Segmentierung in eine ausreichende Anzahl an Facetten durch Überlagerung sowohl komplexere Zielverteilungen als auch die Berücksichtigung der Lichtquellenausdehnung erreichbar[36].

Bei der zweiten Gruppe der obigen Einteilung der Ansätze spielt das Randstrahlenprinzip[4] eine entscheidende Rolle. Es verwendet ein ver-

---

[4]Das Randstrahlenprinzip besagt im Wesentlichen, dass das von einer ausgedehnten Lichtquelle ausgehende Licht von einem optischen System dann vollständig in einen Zielbereich umgelenkt wird, wenn das Licht der Ränder der Quelle auf die Ränder des Detektors gelenkt wird[37, 11]. Der Detektor kann dabei im Winkel- oder Ortsraum definiert sein. Das Randstrahlenprinzip lässt sich auf die in Abschnitt 2.2 beschriebene Erhaltung der Etendue im Sinne eines Phasenraumvolumens zurückführen.

einfachtes geometrisches Modell der Lichtquelle, bei dem die Ränder und je nach Methode weitere Punkte einer Lichtquelle festgelegt werden und in das Design einfließen. Einem Lichtstrahl im Sinne der geometrischen Optik kann auf seinem Pfad durch ein System eine optische Weglänge $L = \int_{Pfad} n(s)ds$ zugeordnet werden. Damit ist eine Kopplung von einlaufenden und auslaufenden Wellenfronten eines Systems möglich, da sich Wellenfronten durch die Konstanz ihrer optischen Weglänge auszeichnen. Nutzt man diese Zusammenhänge, so kann man damit einen geometrischen Konstruktionsalgorithmus entwerfen, die sog. Simultaneous Multiple Surface (SMS) - Methode[38, 39, 11]. Sie erlaubt durch das gleichzeitige Berechnen von $n \geq 2$ Flächen eine Kopplung von n gewählten Lichtquellenpunkten mit n ausgehenden Wellenfronten. Damit können Linsen und Reflektoren berechnet werden, die die Ausdehnung der Lichtquelle methodisch berücksichtigen. Die SMS-Methode kann auch auf nicht-rotationssymmetrische Systeme erweitert werden und für das Design von Freiform-Flächen eingesetzt werden. Neben der SMS-Methode gibt es noch eine Reihe weiterer konstruktiver Verfahren auf Basis des Randstrahlenprinzips, etwa die Compound Parabolic Concentrators (CPC) oder die Tailored Edge Ray Designs[40, 41].

Die letzte Gruppe der Optikdesign-Methoden aus der obigen Einteilung führt die Transformation der von der Lichtquelle emittierten Strahlung in eine gewünschte Zielverteilung auf Differentialgleichungen zurück. Jedem Strahl wird ein eindeutiger Pfad durch das optische System und eine festgelegte Position im Winkel- oder Ortsraum des Detektors zugewiesen. Eine Darstellung für eine Linse zur parallelen Ausrichtung von Licht zeigt Abb. 3.6. Aus Gründen der Eindeutigkeit und Lösbarkeit dieses Ansatzes bei der mathematischen Formulierung muss die Lichtquelle als Punkt behandelt werden. Während diese Differentialgleichungen im Fall rotationssymmetrischer Systeme noch eine vergleichsweise einfache Struktur haben, erweist sich die Erwei-

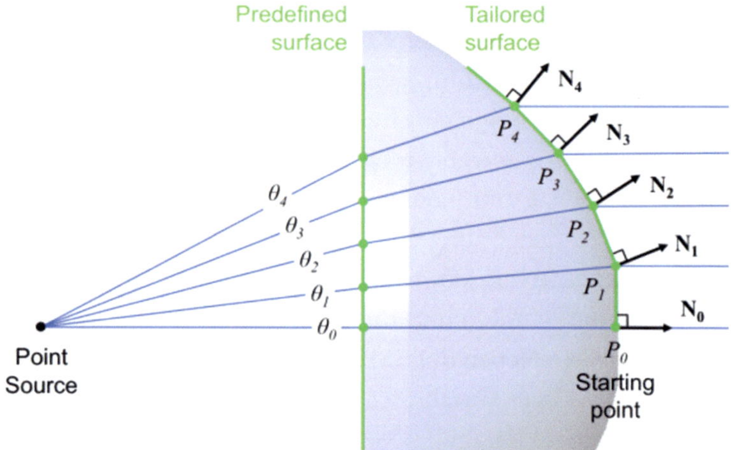

Abbildung 3.6: 2-dimensionales Tailoring der Austrittsfläche einer Linse zur parallelen Ausrichtung des Lichts von einer Punktquelle aus [23]. Jedem Strahl i mit Winkel θ_i zur Rotationsachse wird ein bestimmter Pfad und mit Hilfe des Brechungsgesetzes eine Flächen-Normale N_i zugewiesen.

terung auf den 3-dimensionalen Fall als wesentlich schwieriger und beinhaltet Monge-Ampère-artige Differentialgleichungen[5]. Deren Lösung ist mathematisch und numerisch sehr anspruchsvoll[34] und es gibt wenige erfolgreiche Umsetzungen des sog. 3D-Maßschneiderns (engl. *3D-Tailoring*) [42, 43, 44, 34]. Dabei kommen unterschiedliche, teilweise nicht im Detail veröffentlichte numerische Methoden zum Einsatz. Eine wesentliche Rolle spielt darin die Berechnung der sog. Strahlzuordnung. Sie legt den funktionalen Zusammenhang zwischen den Strahlen der Quelle mit Emissionswinkeln θ und ϕ und den Zielkoordinaten im Orts- oder Winkelraum x_Z und y_Z nach Gln. 3.1 fest.

$$\begin{pmatrix} x_Z \\ y_Z \end{pmatrix} = \begin{pmatrix} f(\theta, \phi) \\ g(\theta, \phi) \end{pmatrix} \tag{3.1}$$

Das Ergebnis des Tailorings liegt in der Regel als Punktwolke vor, auf deren Basis durch den Einsatz von NURBS eine kontinuierliche Freiform-Kurve im rotationssymmetrischen Fall oder eine Freiform-Fläche im 3-dimensionalen Fall erzeugt wird. Wie durch Raytracing gezeigt werden kann, sind solche Linsen oder Reflektorflächen dazu in der Lage, das von einer ideal punktförmigen Lichtquelle emittierte Licht nahezu perfekt in die gewünschte Zielverteilung zu lenken.

Am Lichttechnischen Institut des KIT steht eine u.a. im Rahmen dieser Arbeit weiterentwickelte Version des Tailorings für rotationssymmetrische Systeme zur Verfügung [45, 46, 47, 48]. Sie kommt in den folgenden Kapiteln bei einer Reihe von Ansätzen zum Einsatz und liegt in Form einer automatisierten Matlab-Implementierung mit graphischen Benutzeroberflächen vor. Wie Abb. 3.7 darstellt, betreffen die vom Nutzer zu definierenden Parameter neben einer Reihe optionaler Einstellungen vor allem die **Punktquelle** (Position, Winkelbereich, Lichtstärkeverteilung), die geometrischen und optischen **Eigenschaften**

---

[5]Monge-Ampère-artige Differentialgleichungen sind spezielle, nichtlineare partielle Differentialgleichungen zweiter Ordnung

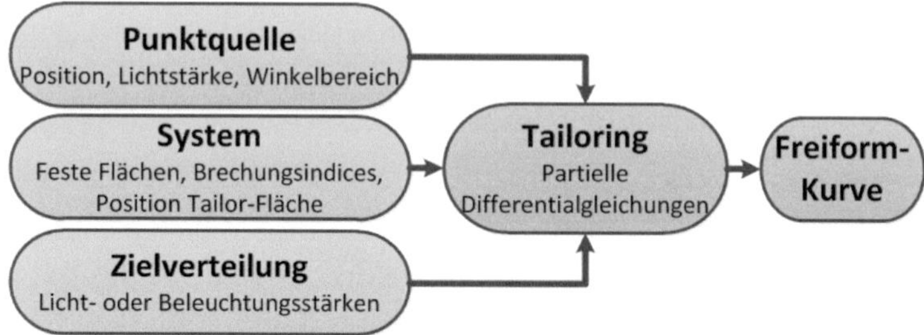

Abbildung 3.7: Darstellung des Konzepts beim Tailoring: Mit der Definition der Eigenschaften der Lichtquelle, des Systems und der Zielverteilung wird eine Freiform-Kurve berechnet.

des Systems (fest vorgegebene Flächen, Brechungsindices, Position der Tailor-Fläche) sowie die erwünschte **Zielverteilung** (Lichtstärke- oder Beleuchtungsstärkeverteilung). Die resultierende Querschnittskurve wird als Punktewolke gemäß der numerischen Lösung der Differentialgleichungen oder wahlweise direkt als CAD-Datei einer approximierten Kurve ausgegeben. Eine Darstellung einer beispielhaft mit Tailoring entworfenen PMMA-Linse für eine willkürlich gewählte Beleuchtungsaufgabe zeigt Abb. 3.8. Wie dort zu sehen ist, stimmen die erwünschte und die erreichte Beleuchtungsstärkeverteilung bis auf sehr kleine Abweichungen überein.

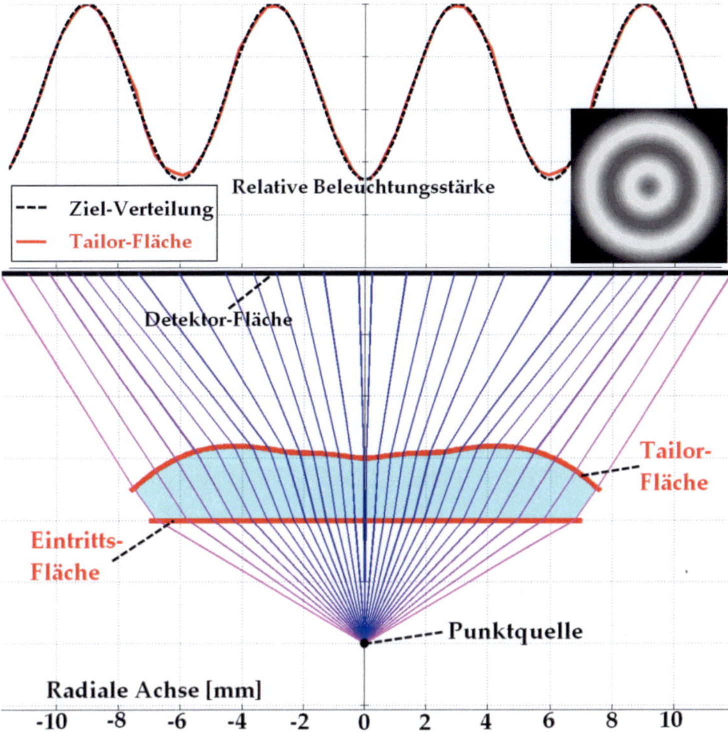

Abbildung 3.8: Beispielhafte Darstellung für den Initialentwurf einer rotationssymmetrischen Linse mit Tailoring. Der Farbverlauf der Strahlen von blau nach pink symbolisiert die Lichtstärke der Strahlen der Lambertschen Punktquelle. Die Kurven oben zeigen einen Vergleich der Ziel-Verteilung mit der Verteilung, die der Simulation der Tailor-Linse mit einer Punktquelle entspricht. Das Schwarz-Weiß-Bild illustriert die relative Beleuchtungsstärke als Draufsicht auf die Detektorfläche.

3.1.4 ENTWURFSOPTIMIERUNG

Sobald der Initialentwurf des optischen Systems abgeschlossen ist, folgt im nächsten Schritt zunächst eine möglichst realitätsnahe Simulation der Beleuchtungssituation durch Raytracing. Dazu ist es nötig, innerhalb der in Abschnitt 2.3 vorgestellten softwarebasierten Strahlverfolgung die für die realistische Modellierung des Systems relevanten Aspekte festzulegen. Da in dieser Arbeit Freiform-Flächen im Nahfeld von LEDs betrachtet werden, spielt dabei die Ausdehnung der Lichtquelle eine entscheidende Rolle. Sie kann am einfachsten durch ein Rayfile berücksichtigt werden. Des Weiteren ist die Einbeziehung von Fresnel-Effekten für die meisten Systeme sinnvoll. Andere optische Effekte wie die Wellenlängenabhängigkeit des Brechungsindex von Materialien wie PC oder PMMA können dagegen oft vernachlässigt werden und vereinfachen damit die Simulation. Um Abschattungs- und Streueffekte zu berücksichtigen, müssen außerdem auch alle potentiell den Strahlenverlauf beeinflussenden, festen geometrischen Elemente wie beispielsweise Halterungen und Abschlussscheiben in das detaillierte Simulationsmodell integriert werden.

Mit Hilfe der auf diese Weise konstruierten virtuellen Repräsentation des optischen Systems können nun Analysen über das zu erwartende Strahlungsverhalten durchgeführt werden. Dazu gehört neben der Betrachtung von Effizienzen und dem Vergleich zwischen erwünschten und erreichten Lichtverteilungen auch eine Strahlpfadanalyse. Ziel dabei ist es unter anderem, eine Einschätzung über die grundsätzliche Eignung des gewählten optischen Konzepts und der Initialentwurfsmethode vornehmen zu können. Unter besonders günstigen Umständen weist das Initialdesign bereits alle erwünschten lichttechnischen Eigenschaften auf und der Prozess des Optikdesigns ist abgeschlossen. In der Regel ist das allerdings nicht der Fall und eine Entwurfsoptimierung ist nötig. Dazu existieren eine Reihe von Vorgehensweisen, die im Folgenden zusammenfassend vorgestellt werden:

- **Versuch-und-Irrtum-Methode**

- **Lichtstromkompensation**

- **Optimierung**

Bei der heuristischen **Versuch-und-Irrtum-Methode** wird mit Hilfe von Erfahrungswerten und Analysen aus dem detaillierten Simulationsmodell die Initialentwurfsmethode erneut mit manuell veränderten Parametern verwendet. Da dieser Ansatz keine weiteren systematischen Berechnungs- oder Designmethoden benötigt, stellt er einen verbreiteten, einfachen und direkten Weg zur Verbesserung eines Initialentwurfs dar. Allerdings kann mittels Versuch-und-Irrtum aus den gleichen Gründen weder festgestellt werden, ob im Rahmen des optischen Konzepts eine zufriedenstellende Lösung existiert, noch können die bestmöglichen, mit der Initialentwurfsmethode berechenbaren Flächen gefunden werden.

Die **Lichtstromkompensation** basiert auf systematischen Vergleichen von erwünschten und laut detailliertem Simulationsmodell erhaltenen Verteilungen des Lichtstroms im Winkel- oder Ortsraum. Unter Einsatz verschiedener Algorithmen können aus diesem Vergleich neue, die Abweichungen kompensierende Zielverteilungen berechnet werden. Mit Hilfe der Initialentwurfsmethode und dieser neuen Zielverteilungen können dann weitere Flächen berechnet werden. Diese Vorgehensweise kann iterativ angewandt werden und so zu einem verbesserten Resultat führen. Ein Ansatz für eine mögliche Umsetzung der Lichtstromkompensation für Reflektoren auf Basis einer bestimmten Variante des Tailorings für rotationssymmetrische Systeme bietet die Literatur[49]. Eine neue, auf dem Prinzip der Lichtstromkompensation beruhende Methode zur automatisierten Anpassung des Initialentwurfs wird in Kapitel 6 vorgestellt.

Optimierung bzw. Optimierungstheorie ist ein Teilbereich der Mathematik, der in sehr vielen technischen Bereichen zum Einsatz kommt. Die grundsätzliche Vorgehensweise beruht darauf, das zu optimierende System S innerhalb einer geschlossenen mathematischen Darstellung auszudrücken und darin mit Hilfe geeigneter Algorithmen systematisch und effizient das bestmögliche System S_{opt} zu suchen. Es werden insbesondere die n veränderlichen Freiheitsgrade festgelegt, die in einem Optimierungsvariablenvektor $\mathbf{x}$ zusammengefasst werden. Zudem muss bei skalarer[6] Optimierung eine Abbildung $f : \mathbb{R}^n \mapsto \mathbb{R}$ definiert werden, die eine Aussage über die Qualität Q eines Systemzustandes macht. In der Regel wird f so definiert, dass wie in Gln. 3.2 dargestellt der beste Systemzustand S_{opt} einem Minimum von f entspricht.

$$Q_{opt} = \min_{\mathbf{x} \in \mathbb{R}^n} f(\mathbf{x}) \tag{3.2}$$

Beginnend mit einem Initialsystem S_{Start} und entsprechenden Variablenwerten $\mathbf{x}_{Start}$ schreibt ein Algorithmus schrittweise neue Werte $\mathbf{x}_i$ vor, um möglichst schnell Q_{opt} zu finden. Weitere Details zum mathematischen Rahmen der Optimierungstheorie können der Literatur[50, 51, 52] entnommen werden.

Die Anwendung von Optimierungsmethoden beim Optikdesign ist seit der Verfügbarkeit computergestützter Strahlverfolgung in nicht-abbildenden Systemen eine verbreitete und sehr erfolgreiche Methode zur Anpassung von Initialsystemen[53, 54, 55, 36] und hat in diesem Bereich nach [56] eine Revolution ausgelöst. Die vielfältigen Möglichkeiten bei der Definition der Optimierungsparameter, der Bewertungsfunktion f und den sonstigen Rahmenbedingungen erlaubt zahlreiche neue Ansätze für automatisierte und anwendungsangepasste Methoden. Damit stellt die Optimierung in der Allgemeinbeleuchtung

---

[6]Skalare Optimierung zeichnet sich dadurch aus, dass die Bewertungsfunktion f skalar nach $\mathbb{R}$ abbildet im Gegensatz zur Vektor- oder Pareto-Optimierung bei der gilt $f \mapsto \mathbb{R}^n$.

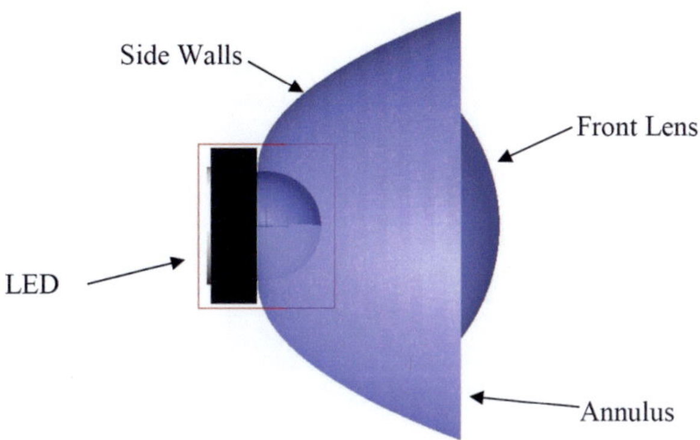

Abbildung 3.9: Querschnittsansicht des Initialentwurfs der TIR-Hybrid-Optik aus [54].

insbesondere bei Freiform-Flächen einen Forschungsbereich dar, der sich ständig weiterentwickelt und der eine wesentliche Rolle in dieser Arbeit spielt.

Im Folgenden wird zur Illustration einiger wichtiger Aspekte beispielhaft eine konkrete Anwendung von Optimierungsprozessen aus [54] zusammengefasst: Als optisches Konzept wurde das für LEDs sehr verbreitete Prinzip einer rotationssymmetrischen Totalreflexions(TIR)-Hybrid-Optik festgelegt, um das Licht einer LED zu sammeln und zu kollimieren. Dabei wird der Teil der LED-Abstrahlung mit kleinen Winkeln zur optischen Achse durch eine Linse im inneren Bereich der Optik kontrolliert, während die Strahlen mit großem Winkel im Wesentlichen durch Ausnutzung von Totalreflexion in den äußeren Bereichen ausgerichtet werden. Das Initialdesign S_{start} kann im Sinne der obigen Einteilung der Gruppe 1 als Kombination bekannter Formen zugeordnet werden und wird in Abb. 3.9 im Querschnitt gezeigt. Das zu Beginn dieses Abschnitts beschriebene detaillierte Simulationsmodell beinhaltet laut [54] ein Rayfile zur Repräsentation der Lichtquelle.

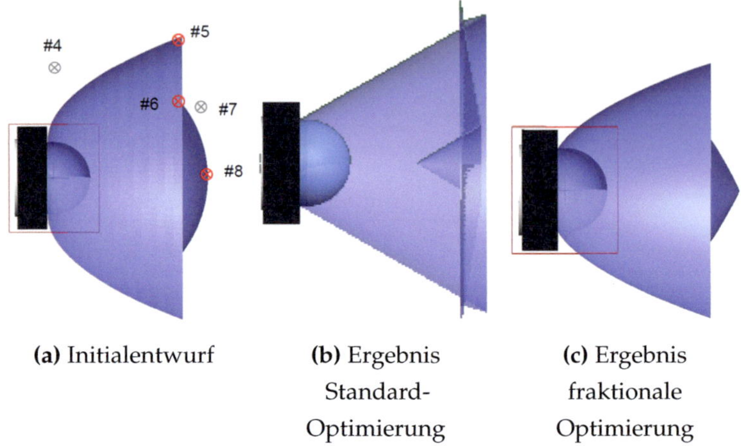

(a) Initialentwurf (b) Ergebnis Standard-Optimierung (c) Ergebnis fraktionale Optimierung

Abbildung 3.10: Querschnittsansichten verschiedener TIR-Hybridoptik Designschritte aus [54].

Aus den zahlreichen Möglichkeiten zur Parametrisierung des Systems für die Durchführung der Optimierung wurde ein Satz aus 10 speziellen geometrischen Parametern $\mathbf{x}$ zur Beeinflussung der Hybridoptik gewählt. Sie setzen sich aus Koordinaten von Kurven-Endpunkten, Spline-Kontrollpunkten und Spline-Gewichten zusammen. Markiert werden sie durch die Positionen #4 bis #8 in Abb. 3.10a. Die Festlegung für $\mathbf{x}$ zeigt, wie frei und willkürlich die Wahl der Optimierungsparameter ist und wie stark sie von Erfahrung und konkreter Anwendung abhängt. Für die Bewertungsfunktion f wurde in [54] u.a. die in Gln. 3.3 gezeigte Form gewählt. Darin beschreibt η_t die Transfereffizienz des LED-Lichtstroms in den Zielbereich, der als 10°-Kegel um die Rotationsachse vorgegeben wurde. Es wird deutlich, dass die konkrete Wahl einer Bewertungsfunktion je nach angestrebtem Strahlungsverhalten und optischem System viele Möglichkeiten bietet.

$$f(\mathbf{x}) = \frac{1}{\eta_t^2(\mathbf{x})} \qquad (3.3)$$

Zur Durchführung der Optimierung wurde der ableitungsfreie Downhill-Simplex-Algorithmus[53] eingesetzt. Jeder der iterativen Schritte des Algorithmus beinhaltet die Auswertung von f und damit eine vollständige Simulation des Systems mit der dem momentanen Parametersatz $\mathbf{x}$ entsprechenden TIR-Hybridoptik. Das Ergebnis dieser Optimierung ist in Abb. 3.10b zu sehen und zeigt ein nicht realisierbares Objekt mit überlappenden Flächen. Damit wird deutlich, welche große Rolle die Wahl der geometrischen Optimierungsparameter $\mathbf{x}$ spielt und mit welchen Schwierigkeiten sie verbunden ist. In [54] wird der Weg über neue, fraktionale Optimierungsvariablen $\hat{\mathbf{x}}$ verfolgt. Die $\hat{\mathbf{x}}$ werden dabei aus den ursprünglichen $\mathbf{x}$ derart analytisch kombiniert, dass Kurvenüberschneidungen vermieden werden. Diese Methode entspricht einer Form der Integration von Nebenbedingungen in den Optimierungsprozess. Das Resultat ist die in Abb. 3.10c gezeigte TIR-Hybridoptik, die im Rahmen der Simulation mit hoher Effizienz das Licht der LED in einen 10°-Kegel lenkt.

Zusammenfassend lässt sich sagen, dass die Verwendung von Optimierung als Methode zur Verbesserung eines Initalentwurfs im Optikdesign sehr vielversprechend ist und zunehmend eingesetzt wird. Da es sich dabei um einen sehr allgemeinen Ansatz handelt, gibt es allerdings zahlreiche und stark anwendungsabhängige Möglichkeiten der konkreten Umsetzung, insbesondere bei der Definition der geometrischen Optimierungsparameter. Ein in diesem Themenbereich angesiedelter neuer Ansatz, der für das Design von Freiform-Optiken im Nahfeld von LEDs geeignet ist, wird als einer der zentralen Gegenstände dieser Arbeit in Kapitel 7 im Detail vorgestellt. Weitere Informationen zum Einsatz von Optimierung im Optikdesign finden sich in der Literatur[23, 57, 58, 56, 59, 60, 55].

Das Ergebnis eines erfolgreichen Abschlusses der Entwurfsoptimierung sind die geometrischen Daten eines optischen Systems, das bei einer detaillierten Simulation die erwünschten lichttechnischen und sonstigen Anforderungen erfüllt. Man verwendet in der Regel eines der gängigen CAD-Datenformate, um eine problemlose Übergabe für die folgenden Prozessschritte der Fertigung zu ermöglichen.

3.2 FERTIGUNG

Abhängig vom gewählten optischen Konzept und den eingesetzten Materialien beinhaltet der Prozessschritt der Fertigung sehr unterschiedliche Verfahren. Dabei ist es im Zuge der Entwicklung optischer Systeme üblich, zunächst einen Prototyp zu fertigen, um die grundsätzliche lichttechnische Funktion prüfen zu können. Im Erfolgsfall kann darauf dann die Serienfertigung folgen, die unter Umständen andere Fertigungsverfahren beinhaltet und entsprechend neue Anpassungen der Herstellungsparameter beinhaltet. Im Folgenden wird beispielhaft für die im Rahmen dieser Arbeit besonders wichtigen Kunststoff-Linsen auf die relevanten Prozesse und ihr Zusammenspiel mit dem Optikdesignprozess eingegangen.

Die am häufigsten verwendeten Herstellungsverfahren für prototypische Kunststoff-Optiken in kleiner Stückzahl sind das Hochpräzisionsfräsen und -drehen. In beiden Fällen wird die gewünschte Optik aus einem massiven Kunststoffkörper durch Abtragen von Material geformt und anschließend mit geeigneten Oberflächenbearbeitungen wie Polieren fertiggestellt. Durch die großen Fortschritte in der Fertigungstechnologie in den letzten Jahren ist es auch möglich Freiform-Optiken ohne Symmetrie in sehr guter Qualität herzustellen. Dabei kommen Ultrapräzisions-5-Achs Diamantdreh- bzw. Fräsmaschinen zum Einsatz[61, 62, 63, 64].

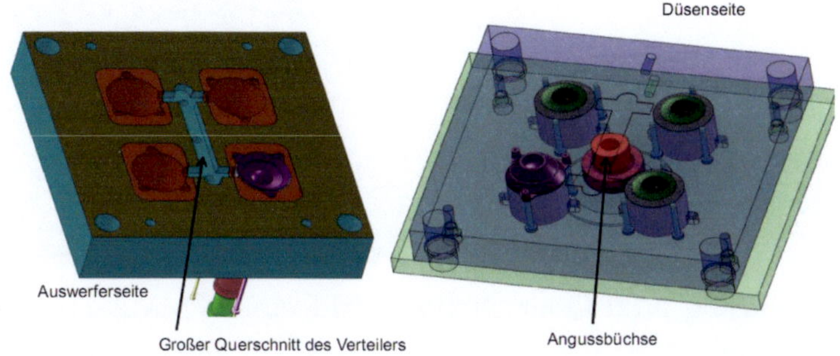

Abbildung 3.11: Ansichten der Auswerfer- und Düsenseite eines Werkzeugs zur simultanen Spritzgussherstellung von 4 PMMA TIR-Hybrid-Optiken aus [65].

Für die Serienproduktion in größeren Stückzahlen und je nach Anwendung manchmal bereits für die Prototypenfertigung von Kunststoff-Optiken setzt man dagegen in der Regel die Spritzgusstechnik ein. Dabei wird das Negativ der herzustellenden Geometrie als Hohlraum über Fräs- und Drehverfahren in ein Werkzeug übertragen, das typischerweise aus Stahl besteht und sich aus einer Reihe verschiedener Einsätze zusammensetzt. Eine Darstellung eines solchen Werkzeugs zeigt Abb. 3.11. In einem zweiten Schritt wird unter entsprechend genau zu kontrollierenden Temperatur- und Druckverhältnissen heißer, flüssiger Kunststoff in den Hohlraum eingespritzt. Nach dem Abkühl- und Auswurfvorgang liegt die Kunststoffoptik dann direkt fertig vor und es sind keine weiteren Bearbeitungsschritte nötig. Die mit dem obigen Werkzeug hergestellte PMMA-Optik ist in Abb. 3.12 zu sehen. Im Hinblick auf den Optikdesignprozess bringt die Herstellung per Spritzguss verschiedene geometrische Rahmenbedingungen mit sich, die im Initialsystementwurf und den weiteren Anpassungsschritten berücksichtigt werden müssen. Zu den wichtigsten gehören dabei minimale und maximale Wandstärken, Entformungsschrägen sowie

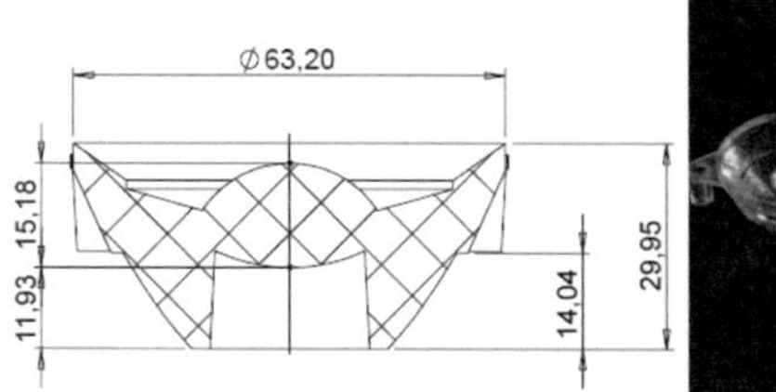

Abbildung 3.12: Querschnittsansicht einer PMMA-Hybrid-Optik mit Dimensionen in mm sowie ein Foto des fertigen Spitzgussteils aus [65].

Verrundungsradien an den Kanten. Sie hängen unter anderem mit dem Fließprozess des Kunststoffes, der mechanischen Stabilität, dem Auswurfvorgang und dem Schrumpfungsprozess beim Abkühlen zusammen.

3.3 Validierung

Wenn die Herstellung der optischen Bauteile erfolgreich abgeschlossen ist, folgt deren photometrische Überprüfung in einem Prototypenmessaufbau. Dieser Aufbau entspricht einer reduzierten Form der zu entwickelnden Leuchte und beinhaltet nur die Lichtquellen und die den Strahlengang beeinflussenden Elemente. Die Aufgabe der Messung ist es, alle für die gesetzten Ziele des optischen Systems relevanten Daten messtechnisch zu erfassen. In den meisten Fällen findet die Messung mit einem Nahfeld- oder Fernfeldgoniophotometer[7] statt. Damit wird ein Vergleich zwischen dem detaillierten Simulationsmodell möglich

---

[7]Bei einer goniophotometrischen Messung wird mit Hilfe eines Photometerkopfes oder einer Leuchtdichtekamera ein winkelabhängiges Signal detektiert, indem sich Empfänger und Quelle relativ zueinander bewegen.

und die Unterschiede zwischen Messung und Simulation können analysiert und quantifiziert werden. Wenn eine gute Übereinstimmung erzielt wird und die Vermessung des Prototyps damit das angestrebte Strahlungsverhalten aufweist, ist die Entwicklung des optischen Systems erfolgreich abgeschlossen. Falls durch die Messung allerdings zu große Abweichungen festgestellt und damit die photometrischen Anforderungen nicht erfüllt werden, müssen mit Hilfe einer detaillierten Analyse von Art und Umfang der Abweichungen das Herstellungsverfahren und dessen Parameter modifiziert werden. Neben taktilen Messungen gibt es dazu interferometrische Messverfahren, die auch Freiform-Flächen detailliert erfassen können[66, 67].

KAPITEL 4

BEWERTUNG VON LICHTVERTEILUNGEN

Bei der Entwicklung optischer Systeme in der Allgemeinbeleuchtung ist es unabhängig von den gewählten Designmethoden wichtig, eine qualitative Aussage über die Leistungsfähigkeit eines bestimmten Systemzustandes S machen zu können. Als Grundlage eignet sich dafür ein Vergleich zwischen der aktuell erreichten und der angestrebten Lichtverteilung, wobei damit je nach System Lichtstärke- oder Beleuchtungsstärkeverteilungen gemeint sind. Diese Bewertung in einem einzelnen Zahlenwert, dem Gütemaß Q_S, hilft besonders bei der Entwurfsoptimierung. Damit ist es direkt möglich zu beurteilen, ob eine Modifikation des Systems eine positive oder negative Veränderung hinsichtlich des erwünschten Verhaltens bewirkt hat.

In der Regel wird $Q_S > 0$ als positiver Zahlenwert so definiert, dass ein niedrigerer Wert einem besseren System entspricht und ein perfektes System durch $Q_{\text{Ideal}} = 0$ gekennzeichnet ist. Für die konkrete Berechnung einzelner Gütemaße werden im folgenden Abschnitt zunächst eine Reihe von anwendungsorientierten Optionen vorgestellt. Anschließend folgt eine Darstellung der Möglichkeiten zur Kombination verschiedener Kriterien und zuletzt einige Erläuterungen zur Implementierung und Anwendung des Gütemaß-Konzeptes.

4.1 KRITERIENÜBERSICHT

Im Rahmen der Vorstellung der folgenden vier Kriterien zur Bewertung von Lichtverteilungen bezeichnet $f_{\text{Ideal}}(x)$ jeweils die angestrebte Licht- oder Beleuchtungsstärkezielverteilung, während $f_S(x)$ die entsprechende Verteilung eines konkreten Systems S darstellt. Der Parameter x repräsentiert darin die Winkel- oder Ortskoordinaten. Im Zuge eines Optikdesignprozesses wird S in der Regel durch ein detailliertes Simulationsmodell dargestellt und beinhaltet die zu optimierenden optischen Flächen als flexible Elemente. Eine weitere Alternative zur Anwendung der Gütekriterien sind Daten photometrischer Messungen. Hier entspricht ein System S einem bestimmten Messaufbau, bei dem beispielsweise Positionen verschiedener Bauteile variiert werden. In beiden Fällen liegen die Verteilungen f nicht als kontinuierliche Funktionen, sondern als diskrete Wertepaare einer simulierten oder gemessenen Detektorauflösung vor. Damit muss f in der Praxis durch eine Approximation festgelegt werden oder man verwendet Summen anstatt der im Folgenden für den idealisierten Fall dargestellten Integrale.

Grundsätzlich sind die vorgestellten Gütemaße analog sowohl für die Licht- und Beleuchtungsstärkekurven rotationssymmetrischer Systeme als auch für die Verteilungen im nicht-rotationssymmetrischen Fall einsetzbar.

QUADRATISCHE ABWEICHUNG

Ein sehr allgemeiner Ansatz beim Vergleich zweier Funktionsverläufe ist die Bildung der quadratischen Abweichung. Sie eignet sich auch gut zur Bewertung von Lichtverteilungen und hat die in Gln. 4.1 gezeigte mathematische Form. Eine ähnliche Formulierung wurde auch in [58] eingesetzt.

$$Q_A = C_1 \cdot \int_G \left(f_{\text{Ideal}}(x) - f_S(x) \right)^2 g_1(x) \mathrm{d}x \qquad (4.1)$$

Das Integrationsgebiet G umfasst darin den Bereich, der für die betrachtete Anwendung von Interesse ist. Die Konstante C_1 kann genutzt werden, um durch eine Normierung eine bessere Vergleichbarkeit zu schaffen. Beispielsweise bietet sich $C_1 = \frac{1}{\Phi_S}$ für eine Gegenüberstellung von Systemen unterschiedlichen Gesamtlichtstroms Φ_S an. Für die einfachste Formulierung dieses Gütemaßes kann die Gewichtsfunktion $g_1(x)$ konstant auf 1 gesetzt werden, womit die quadratischen Abweichungen an allen Stellen x des Gebiets G in gleicher Weise beitragen. Für andere Anwendungen kann $g_1(x)$ dagegen genutzt werden, um bestimmte Formen einer Gewichtung zu erreichen. Eine Möglichkeit ist die in [68] eingesetzte Raumwinkelgewichtung für Lichtstärkeverteilungen.

Eine schematische Darstellung des Gütemaßes Q_A für Verteilungen rotationssymmetrischer und nicht-rotationssymmetrischer Systeme zeigt Abb. 4.1. Gemäß Gln. 4.1 entspricht eine perfekte Übereinstimmung von $f_{\text{Ideal}}(x)$ mit $f_S(x)$ dem minimalen Wert $Q_A = 0$. Nach oben ist Q_A dagegen nicht beschränkt.

TRANSFERVERLUSTE

Das Gütemaß Q_Φ stellt eine Bewertung von Lichtverteilungen dar, die sich nicht über einen festen Funktionsverlauf f_{Ideal}, sondern nur über den Bereich G definiert. Durch den Vergleich des beim betrachteten System in diesen Bereich gelenkten Lichtstroms $\Phi_S = \int_G f(x) \mathrm{d}x$ mit dem verfügbaren Lichtstrom der Lichtquelle(n) Φ_{Ideal} kann Q_Φ damit

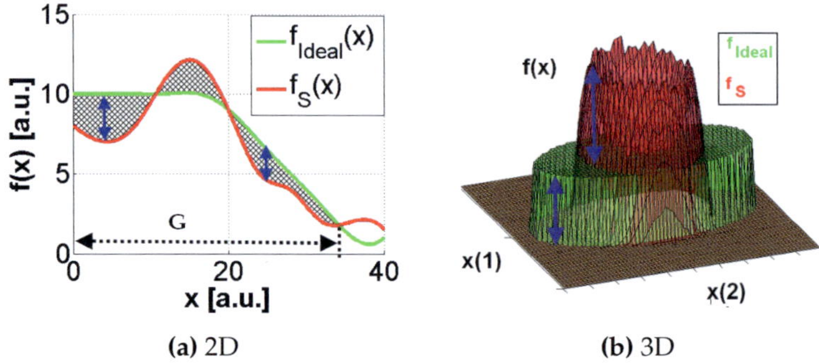

(a) 2D   (b) 3D

Abbildung 4.1: Schematische Darstellung zur Berechnung des Gütemaßes Q_A für den 2- und 3-dimensionalen Fall. Die blauen Pfeile symbolisieren lokale Abweichungen zwischen der Ideal- und Systemverteilung.

als eine Quantifizierung der Transferverluste aufgefasst werden. Die Berechnung erfolgt gemäß Gln. 4.2.

$$Q_\Phi = 1 - \frac{\Phi_S}{\Phi_{\text{Quelle}}} \tag{4.2}$$

Das Gütemaß Q_Φ liegt gemäß seiner Definition zwischen 0 und 1. Bei $Q_\Phi = 1$ gelangt kein Licht in den Zielbereich, während es beim idealen System mit $Q_\Phi = 0$ keine Verluste gibt und die maximale Transfereffizienz von 100% erreicht wird. Eine graphische Veranschaulichung des Gütemaßes Q_Φ ist in Abb. 4.2 zu sehen.

MERKMALSPOSITION

Bei Lichtverteilungen mit einem zahlenmäßig eindeutig erfassbaren Merkmal m_S wie beispielsweise einer Maximumsposition oder einer

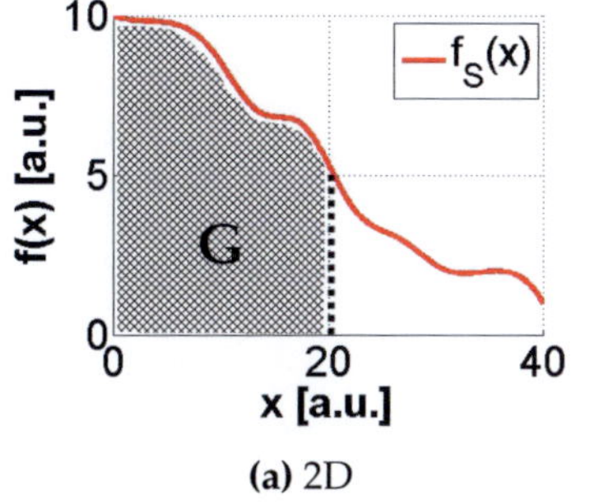

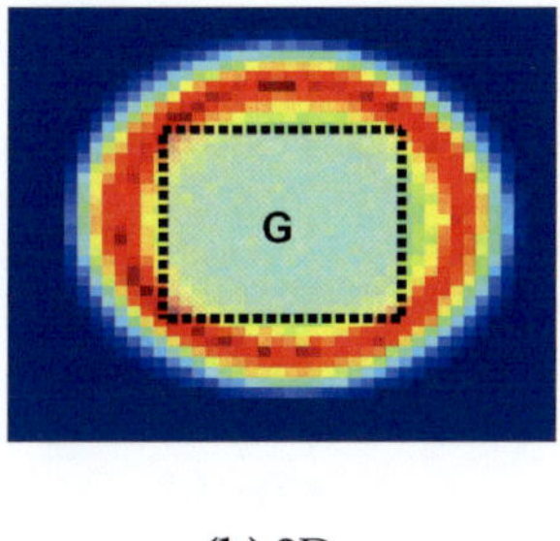

(a) 2D   **(b)** 3D

Abbildung 4.2: Schematische Darstellungen zum Gütemaß Q_Φ für den 2- und 3-dimensionalen Fall. Es trägt jeweils der Lichtstrom Φ_S in einem Gebiet G bei (schraffierter Bereich).

Halbwertsbreite kann das Gütemaß Q_P definiert werden, um die Abweichung vom gewünschten Ideal-Merkmal m_{Ideal} nach Gln. 4.3 zu bewerten.

$$Q_P = C_2 \cdot g_2(m_{\text{Ideal}} - m_S) \tag{4.3}$$

Mit der Konstanten C_2 kann man eine Skalierung auf die Ausdehnung des Bewertungsgebiets vornehmen, um den Wertebereich von Q_P auf $[0, 1]$ zu normieren. Für die Gewichtsfunktion g_2 muss gelten: $g_2 \geq 0$ und $g_2(0) = 0$. Als einfacher Ansatz bietet sich $g_2(m) = |m|$ an, was einer linearen Bewertung der Abweichung des betrachteten Merkmals entspricht. Mit anderen, nicht-linearen Gewichtsfunktionen kann beispielsweise ein Toleranzbereich des betrachteten Merkmals realisiert werden. Eine schematische Darstellung des Gütemaßes Q_P und zwei beispielhafte Merkmale zeigt Abb. 4.3 .

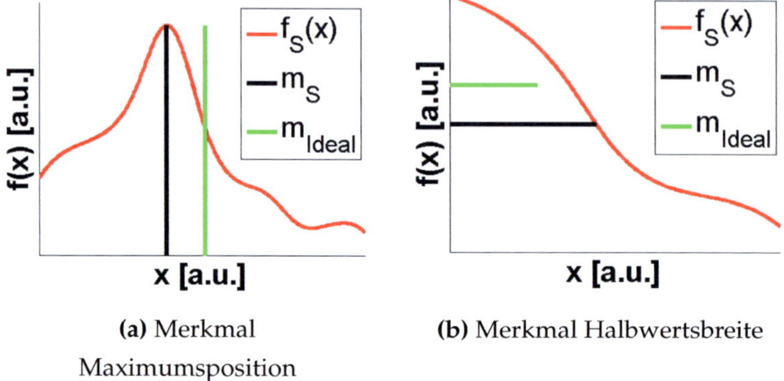

(a) Merkmal
Maximumsposition

(b) Merkmal Halbwertsbreite

Abbildung 4.3: Schematische Darstellung zweier Merkmale für
die Bewertung von Lichtverteilungen mit dem Gütemaß Q_P bei
rotationssymmetrischen Systemen.

HOMOGENITÄT

Für die Bewertung der Homogenität einer Verteilung kann man das
Gütemaß Q_H einsetzen. Es ist in erster Linie für Beleuchtungsstärkeverteilungen f_S geeignet. Für die angestrebte Idealverteilung im
betrachteten Gebiet G gilt dabei $f_{\text{Ideal}} = const.$. Die mathematische Formulierung kann auf Basis der Definition der Gleichmäßigkeit g_3 der Beleuchtungsstärke aus der DIN 5035-8 zur Arbeitsplatzbeleuchtung[69]
nach Gln. 4.4 erfolgen.

$$Q_H = \frac{1}{f_{\text{avg}}} \sqrt{\int \left(f_s(x) - f_{\text{avg}}\right)^2 dx} \qquad (4.4)$$

Als konstanter Referenz-Wert wird darin der Mittelwert der Verteilung
f_{avg} eingesetzt, womit Q_H im Wesentlichen einem Variationskoeffizi-
enten entspricht. Eine mögliche Erweiterung der hier vorgestellten
Definition von Q_H ist in Form einer zusätzlichen Gewichtung der

Abweichungen denkbar, die beispielsweise den Einfluss eines Schwellwertes für die visuelle Erkennbarkeit von Inhomogenitäten berücksichtigt.

4.2 MULTIKRITERIELLE BEWERTUNG

Bei der Kombination mehrerer Gütemaße Q_i in ein Gesamtgütemaß Q_M zur Bewertung von Lichtverteilungen ist die größte Schwierigkeit die Wahl einer geeigneten Gewichtung bzw. Skalierung der einzelnen Beiträge. Bei einer ungeeigneten Wahl kann ein einzelnes Gütemaß ungewollt dominieren und Q_M insbesondere bei der Verwendung in einem Optikdesignprozess unbrauchbar machen. Eine Möglichkeit zur Definition von Q_M, die für Optimierungsprozesse der Allgemeinbeleuchtung gut geeignet ist, stellt der Skalarisierungsansatz[1] nach Gln. 4.5 dar. Der jedem der n Gütemaße Q_i zugeordnete Faktor c_i erlaubt darin eine angepasste Gewichtung für das Gesamtmaß $Q_{M,\text{Sum1}}$ und kann beispielsweise mit Hilfe eines Initial- oder Referenzsystems festgelegt werden.

$$Q_{M,\text{Sum1}} = \sum_{i=1}^{n} c_i Q_i \tag{4.5}$$

Eine Erweiterung dieses Ansatzes zur multikriteriellen Bewertung von Lichtverteilungen wird in Gln. 4.6 als $Q_{M,\text{Sum2}}$ eingeführt. Darin werden anstatt konstanter Faktoren die Funktionen $c_i(Q_i)$ verwendet, womit einzelne Beiträge nichtlinear gewichtet werden können. Damit kann beispielsweise erreicht werden, dass der Beitrag eines bestimmen Q_i wie etwa der Transferverluste oberhalb eines akzeptierten Bereichs besonders gewichtet wird.

---

[1]Bei einer Skalarisierung wird eine vektorielle Eingangsgröße wie hier $[Q_1, Q_2, \dots]^T$ mit Hilfe einer Funktion auf eine reelle Zahl abgebildet, in diesem Fall Q_M.

$$Q_{M,\text{Sum2}} = \sum_{i=1}^{n} c_i \left(Q_i \right) \tag{4.6}$$

Eine Alternative zu den bisher genannten Definitionen von Q_M mittels eines Multiplikationsansatzes zeigt Gln. 4.7. Darin gibt es neben einem globalen Skalierungsfaktor C_3 keine weiteren freien Parameter.

$$Q_{M,\text{Prod1}} = C_3 \prod_{i=1}^{n} Q_i \tag{4.7}$$

Die Berechnung von $Q_{M,\text{Prod1}}$ zeichnet sich im Gegensatz zum Summenansatz dadurch aus, dass unabhängig von Absolutwerten die prozentuale Änderung eines Q_i stets die gleiche prozentuale Änderung von $Q_{M,\text{Prod1}}$ bewirkt.

Eine weitere multikriterielle Bewertungsmöglichkeit, die Elemente aus beiden bisher genannten Ansätzen aufweist, wird in Gln. 4.8 definiert.

$$Q_{M,\text{Prod2}} = C_4 \frac{\prod_{i=1}^{n} Q_i}{\sum_{i=1}^{n} Q_i} \tag{4.8}$$

Zur Illustration zeigt Abb. 4.4 eine Darstellung für das unterschiedliche Verhalten von Q_M bei der Kombination zweier Gütemaße Q_1 und Q_2 innerhalb eines Wertebereichs von 0 bis 1. Darin wird auch deutlich, in welcher Art sich ein bestimmter Wert von Q_M durch verschiedene Beiträge von Q_1 und Q_2 zusammensetzen kann. Welche Art der multikriteriellen Kombination am sinnvollsten ist, hängt von der Anwendung ab und kann nicht universell festgelegt werden.

Die hier vorgestellten Möglichkeiten zur multikriteriellen Bewertung von Lichtverteilung führen bei der Verwendung in einem Optimierungsprozess zu einer sog. Pareto-Optimierung[70, 71].

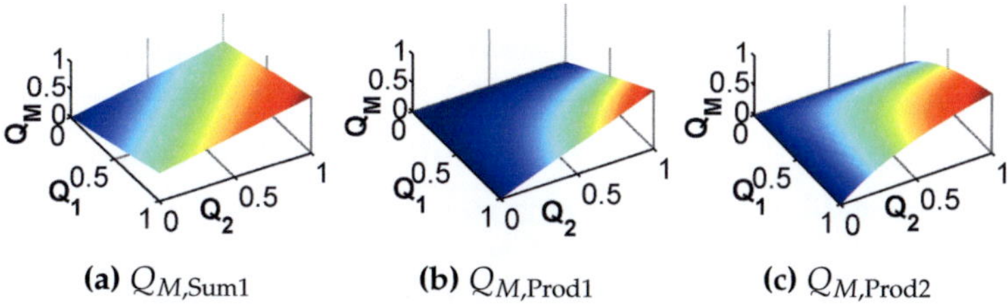

(a) $Q_{M,\text{Sum1}}$ (b) $Q_{M,\text{Prod1}}$ (c) $Q_{M,\text{Prod2}}$

Abbildung 4.4: Gegenüberstellung verschiedener Definitionen des Gesamt-Gütemaßes Q_M bei der Kombination aus zwei Gütemaßen Q_1 und Q_2 in einem Wertebereich von 0 bis 1. Für die Berechnung von $Q_{M,\text{Sum1}}$ wurde $c_i = 1$ verwendet.

4.3 ANWENDUNG

Die konkrete Wahl eines Gütemaßes Q zur Bewertung von Lichtverteilungen ist in hohem Maße abhängig von der Anwendung und dem optischen System. Im Folgenden werden für die hier eingeführten Bewertungsmöglichkeiten geeignete Richtlinien genannt:

Das allgemeinste und für die meisten Systeme gut einsetzbare Gütemaß ist Q_A. Durch die globale Quantifizierung der Abweichungen zur gewünschten Verteilung ist es für sehr viele Fälle ein gut geeignetes Maß beim Einsatz in einem iterativen Optimierungsprozess. Insbesondere gilt dies für die Verteilungen ohne spezielle, stark lokalisierte Merkmale wie beispielsweise die Beleuchtungsstärkeverteilungen bei Straßenleuchten oder bei Arbeitsplatz- oder allgemeiner Raumbeleuchtung.

Für Systeme, bei denen keine festgelegte Verteilung erreicht werden muss, sondern stattdessen die Effizienz im Sinne eines maximalen Lichtstromtransfers im Vordergrund steht, sollte das Gütemaß Q_Φ verwendet werden. Entscheidend ist hier die Festlegung des Zielgebiets im Winkel- oder Ortsraum. Neben einer möglichen Anwendung im Bereich der Solarkonzentratoroptiken und anderer fokussierender Systeme bietet sich Q_Φ bei Einkoppeloptiken beispielsweise für Lichtleiter an. Außerdem eignet sich Q_Φ sehr gut als Ergänzung zu anderen Gütemaßen im Sinne einer multikriteriellen Bewertung um eine Mindesteffizienz des Systems zu berücksichtigen.

Bei manchen Anwendungen spielt der Gesamtverlauf einer Lichtverteilung nur eine untergeordnete Rolle und das entscheidende Kriterium zur Bewertung des Systems hängt mit einem oder mehreren Merkmalen der Verteilung zusammen. Dies gilt beispielsweise, wenn zu Markierungszwecken eine Beleuchtung an einer bestimmten Position im Raum erzeugt werden soll oder wenn eine rotationssymmetrische Lichtstärkeverteilung eine ringartige Abstrahlung bei einem bestimmten Winkel bewirken soll. In diesen Fällen eignet sich das Gütemaß Q_P am besten, um diese speziellen Eigenschaften zu quantifizieren.

Im Architektur- und Innenbeleuchtungsbereich spielt die menschliche Wahrnehmung der Gleichmäßigkeit einer Beleuchtung in einem bestimmten Bereich oftmals die entscheidende Rolle. Dann bietet sich als Bewertungsgrundlage das Gütemaß Q_H an. Durch die Normierung auf den Durchschnittswert der Verteilungen kann es auch gut für den Vergleich von gemessenen oder simulierten Daten deutlich unterschiedlicher Beleuchtungssysteme eingesetzt werden.

Die hier dargestellten Bewertungen von Lichtverteilungen wurden in dieser Arbeit in Form einer Matlab-Implementierung mit graphischer Benutzeroberfläche umgesetzt. Durch eine Stapelverarbeitung für Simulations- und Messdaten, Optionen zur multikriteriellen Bewertung und die einfache Festlegung von Zielverteilungen f_{Ideal} u.a. durch das Einlesen von Graustufen-Bildern wurde eine flexible Möglichkeit geschaffen, anwendungsorientierte Beurteilungen von Lichtverteilungen vorzunehmen. Bei der Bewertung der Lichtverteilungen in Kapitel 5 sowie den Entwurfsoptimierungen in den Kapiteln 6 und 7 kamen im Wesentlichen die Gütemaße Q_A und Q_Φ und deren Kombination mit dem Skalarisierungsansatz $Q_{M,\text{Sum1}}$ zum Einsatz.

INITIALENTWURF MIT ANGEPASSTEN LICHTQUELLENMODELLEN

Beim Initialentwurf eines optischen Systems spielt die Modellierung der Lichtquelle eine entscheidende Rolle. Bei vielen etablierten Entwurfsmethoden wie etwa dem Tailoring ist die Beschreibung als Punktquelle mit einer zugehörigen Lichtstärkeverteilung unabdingbar. Die Positionierung dieses Punktquellenmodells bezüglich der realen Lichtquelle ist oft nicht auf offensichtliche Weise möglich. Sie orientiert sich dann soweit bekannt an dem geometrischen Aufbau der Lichtquelle, indem etwa das Zentrum eines LED-Chips als Position ausgewählt wird. Wenn sich allerdings die zu entwerfenden lichtlenkenden Flächen im Nahfeld der Lichtquelle befinden, können aus dem realen Strahlungsverhalten der ausgedehnten Lichtquelle große Abweichungen zum gewünschten Verhalten entstehen.

In diesem Kapitel werden zwei Ansätze präsentiert, die durch den Einsatz neuer Lichtquellenmodelle dazu beitragen können, mit bekannten Methoden bessere Initialentwürfe zu erzeugen. Als Ausgangspunkt dienen dabei jeweils Rayfiles, die einen verbreiteten und meistens gut zugänglichen Standard für die Leuchtdichteinformation einer Lichtquelle darstellen. Ziel ist es bei beiden vorgestellten Methoden, diese Informationen mit Hilfe entsprechender Algorithmen zu nutzen, um ein optimiertes, Punktquellen-basiertes Modell zu erstellen. Damit soll der ausgedehnte Charakter der Lichtquelle möglichst gut berücksichtigt werden, während gleichzeitig die Anwendbarkeit bewährter Initialdesign-Methoden gewährleistet wird.

Abschnitt 5.1 stellt einen Algorithmus vor, bei dem das Tailoring verwendet wird, um durch dessen inversen Einsatz ein spezielles geometrisches Modell der Lichtquelle zu berechnen. Anschließend zeigt Abschnitt 5.2 das Konzept der multiplen Lichtschwerpunkte, das eine Liste von angepassten Punktquellen mit individuellen Lichtstärkeverteilungen zur Repräsentation einer Lichtquelle bestimmt. Beide Methoden werden für rotationssymmetrische Anwendungen eingeführt, sind aber auch auf nicht-rotationssymmetrische Systeme direkt übertragbar. Konkrete Modellierungen ausgewählter Lichtquellen und deren Verwendung in beispielhaften Initialentwürfen optischer Systeme werden jeweils am Ende der folgenden Abschnitte präsentiert und bewertet.

5.1 INVERSE MODELLIERUNG VON PRIMÄROPTIKEN

Die Grundidee bei der inversen Modellierung von Primäroptiken ist es, mit Hilfe eines Rayfiles und einigen allgemeinen, typischerweise aus dem Datenblatt einer Lichtquelle verfügbaren, geometrischen Informationen ein Modell zu erstellen, das aus einer Punktquelle und einer oder mehreren per Tailoring berechneten Flächen besteht. Im Fernfeld stimmt ein solches Modell mit der Lichtstärkeverteilung der realen Quelle überein. Im Nahfeld beschreibt es das Strahlungsverhalten als eine Näherung, die besser ist als die eines einfachen Punktquellenmodells. Im Folgenden wird zunächst die Vorgehensweise bei der inversen Modellierung von Primäroptiken vorgestellt und anschließend beispielhaft in der Anwendung gezeigt.

5.1.1 METHODE

Bei Lichtquellen, deren Lichtstärkeverteilung $I_Q(\theta, \phi)$ sich durch eine integrierte Primäroptik deutlich von der Abstrahlung $I_L(\theta, \phi)$ des lichterzeugenden Bauteils wie etwa dem LED-Chip unterscheidet, kann die lichtlenkende Wirkung dieser Optik als Transformation zwischen diesen beiden Lichtstärkeverteilungen betrachtet werden. Eine solche Optik kann man für Punktquellen mit Hilfe des Tailorings berechnen. Als weitere Eingangsgröße des Tailoringprozesses sind dann nur noch die Abmessungen der Primäroptik und einfache Materialgrößen wie der Brechungsindex nötig.

Bei LEDs kann man in der Regel von einem Lambertsch strahlenden LED-Chip mit $I_L(\theta, \phi) = I_0 \cos(\theta)$ ausgehen, während I_Q dem Datenblatt oder einer Simulation mittels Rayfile entnommen werden kann. Für LED-Primäroptiken, bei denen nur eine kontinuierliche Fläche wie etwa eine Linse vorliegt, kann damit bereits ein Modell entworfen werden. Es besteht in diesem Fall aus einer Lambertschen Punktquelle und einer brechenden Fläche, deren Abmessungen denen der realen Primäroptik ähneln. Die genaue Form unterscheidet sich von der realen Optik, da zwar beide Linsen I_Q emittieren, aber mit der Punktquelle bzw. dem ausgedehnten Chip jeweils unterschiedliche Eingangsverteilungen vorliegen.

Für komplexere Primäroptiken ist bei der Modell-Erstellung zunächst ein Rückwärts-Raytracing vorteilhaft. Ziel ist es dabei, durch Umkehrung der Richtung der Strahlen des Rayfiles und die darauf folgende Schnittpunktberechnung eine Unterteilung nach den Flächenelementen der Primäroptik durchzuführen. Für diese Flächenelemente genügt eine Repräsentation durch einfache Geometrien wie Kugel- oder Zylinderausschnitte. Deren Dimensionen können in der Regel durch Datenblattangaben der Lichtquelle sinnvoll definiert werden. Auf diese Weise entstehen Teil-Rayfiles, die beispielsweise einer Linse,

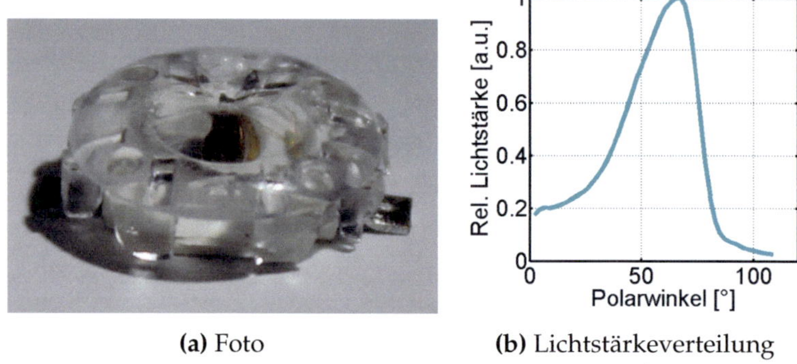

<table>
<tr><td align="center">(a) Foto</td><td align="center">(b) Lichtstärkeverteilung</td></tr>
</table>

Abbildung 5.1: Die OSRAM Golden Dragon Argus LED[72]

einer reflektierenden Fläche oder der Direktabstrahlung zugeordnet werden können. Aus jedem der Teil-Rayfiles kann man anschließend eine Lichtstärkeverteilung $I_{Q,i}$ gewinnen. Zur Konstruktion des Lichtquellenmodells erfolgt anschließend das Tailoring der verschiedenen Flächen, die durch Brechung oder Reflexion den für sie relevanten Ausschnitt $I_{L,i}$ aus I_L nach $I_{Q,i}$ lenken.

5.1.2 ANWENDUNG

Als erstes Beispiel zur Konstruktion eines Lichtquellenmodells durch inverses Modellieren von Primäroptiken für einen rotationsymmetrischen Fall wird eine LED betrachtet, deren Primäroptik aus einer kontinuierlichen Linsenfläche besteht. Eine Darstellung der LED und ihres Strahlungsverhaltens zeigt Abb. 5.1. Gemäß der oben vorgestellten Methode und unter der Annahme, dass der LED-Chip Lambertsch strahlt und sich in einem Material mit dem Brechungsindex $n = 1,5$ befindet, ergibt sich das in Abb. 5.2 gezeigte Modell. Es beinhaltet nach Konstruktion eine Punktquelle und ermöglicht demnach den Einsatz

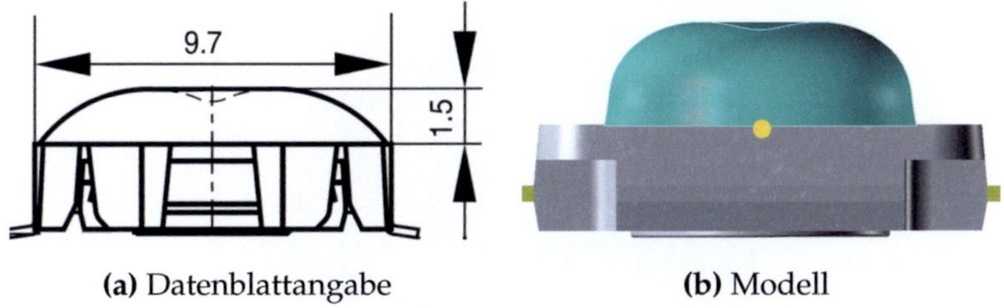

(a) Datenblattangabe   (b) Modell

Abbildung 5.2: Querschnitts-Skizze der OSRAM Golden Dragon Argus LED[72] im Vergleich zum invers modellierten Primäroptik-Modell mit Lambertscher Punktquelle (gelber Punkt).

von Tailoring für den Initialentwurf einer Sekundäroptik im Zuge des Optikdesigns.

Als beispielhaftes optisches Konzept der Sekundäroptik wurde eine im Nahfeld der Quelle befindliche, rotationssymmetrische PMMA-Linse mit planer Eintrittsfläche berechnet. Ihre Aufgabe ist es, das erfasste Licht möglichst parallel innerhalb der horizontalen Ebene nach $\theta = 90°$ auszurichten. Eine Ansicht des Konzepts zeigt Abb. 5.3.

Nach dem Ansatz gemäß dem Stand der Technik zur Modellierung der Lichtquelle wurde die Linse zunächst mittels einer Punktquelle an der LED-Chip-Position berechnet. Zum Entwurf der Austrittsfläche kam das Tailoring zum Einsatz. Eine Simulation mit dem Rayfile der LED liefert die Lichtstärkeverteilung dieses ersten Entwurfs.

Anschließend wurde eine zweite Version der Linse ebenfalls mittels Tailoring berechnet. Dabei wurde das oben beschriebene, auf inverser Primäroptikmodellierung beruhende Modell der Argus LED eingesetzt. Die so entworfene Linse wurde ebenfalls mit dem Rayfile der LED simuliert.

Die Gegenüberstellung der erzielten Lichtstärkeverteilungen in Abb. 5.4 zeigt ein deutlich besseres Ergebnis für das Primäroptikmodell

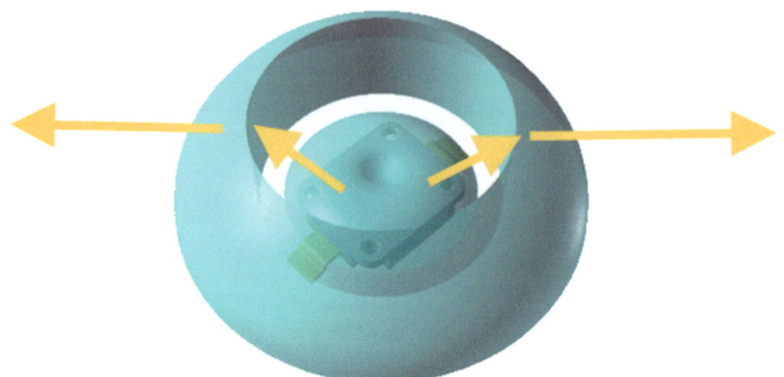

Abbildung 5.3: Optisches Konzept für das Design einer ringförmigen PMMA-Linse zur Ausrichtung des Lichts der Argus-LED[72] in die horizontale Ebene.

bezüglich der angestrebten Fokussierung auf einen 90°-Winkel. Dies bestätigt auch die in Tab. 5.1 dargestellte Bewertung der Verteilungen mit verschiedenen Gütemaßen. Mit Q_P^{Max} und Q_P^{FWHM} findet hier eine Betrachtung der Abweichung der Maximumsposition von 90° und der Halbwertbreite als Maß für die parallele Ausrichtung der Strahlung statt. Eine geeignete Kombination beider Kriterien für diese Anwendung stellt das Summengütemaß $Q_{M,Sum1}$ dar, in dem die Fokussierung auf 90° gegenüber der parallelen Ausrichtung fünffach gewichtet wurde. Mit Hilfe des Primäroptikmodells konnte eine Reduzierung von $Q_{M,Sum1}$ um 67% gegenüber dem Entwurf nach dem Stand der Technik erreicht werden.

Das zweite Beispiel zum Entwurf eines Lichtquellenmodells betrachtet die in Abb. 5.5 gezeigte, komplexer aufgebaute LED[73]. Hier können drei funktional unterschiedliche Bereiche getrennt werden: Eine zentrale Linse, eine Totalreflexionsfläche sowie eine Linse im Außenbereich der Primäroptik. Wenn darauf basierend die oben beschriebene Zerlegung des Gesamt-Rayfiles durch Rückwärts-Raytracing vorgenommen

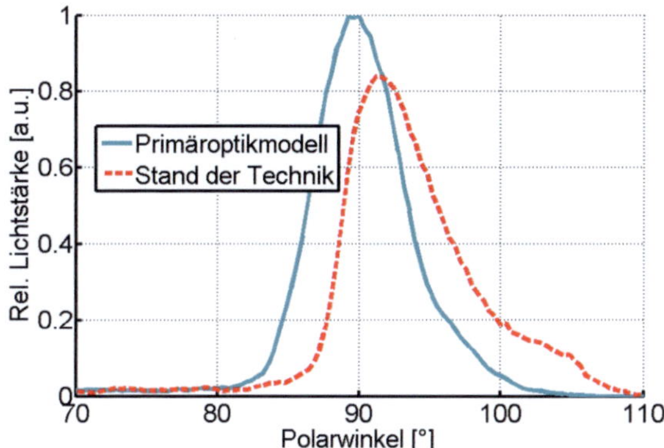

Abbildung 5.4: Vergleich der erzielten Lichtstärkeverteilungen beim Initialentwurf zweier Linsen im Nahfeld einer Argus-LED[72], die mit dem Stand der Technik bzw. dem invers berechneten Primäroptikmodell dargestellt wurde.

	Q_P^{Max}	Q_P^{FWHM}	$Q_{M,Sum1}$
Stand der Technik - Design	1	1	6 (**100%**)
Primäroptikmodell	0.21	0.9	1.95 (**33%**)

Tabelle 5.1: Ergebnisse einer Gütemaßbewertung der Lichtstärkeverteilungen zum Design der Linse für die Argus LED. Q_P^{Max} bewertet die Abweichung der Maximumsposition von $90°$, Q_P^{FWHM} die Größe der Halbwertsbreite. Beide Q_P wurden auf den Entwurf nach dem Stand der Technik normiert. In dem multikriteriellen Gütemaß $Q_{M,Sum1}$ wurden die Gewichtsfaktoren $c_{Max} = 5$ und $c_{FWHM} = 1$ gewählt.

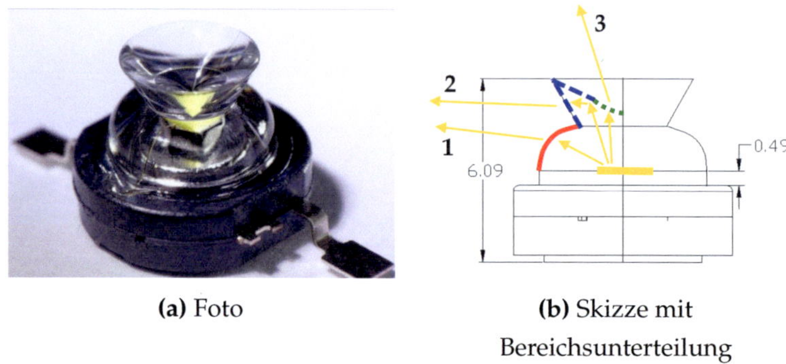

(a) Foto

(b) Skizze mit Bereichsunterteilung

Abbildung 5.5: Die LUXEON LXHL LED[73] als Foto und in Querschnittsansicht auf Basis der Datenblattskizze. Die Primäroptik wurde in drei Bereiche eingeteilt: Eine äußere Linse (rot, durchgezogen), einen Totalreflexionsbereich (blau, gestrichelt) und eine zentrale Linse (grün, gepunktet).

wird, entstehen drei Anteile $I_{Q,i}$ der Abstrahlung. Zu jedem gehört ein Teil $I_{L,i}$ der Lambertschen LED-Chip Emission. Damit resultiert nach Konstruktion mit Hilfe des Tailorings das in Abb. 5.6 dargestellte Lichtquellenmodell. Gemäß Konstruktion enthält es wiederum eine Lambertsch strahlende Punktquelle innerhalb eines Materials mit Brechungsindex $n = 1,5$ und eine Reihe von Flächen, die deren Licht so umlenken, dass im Fernfeld eine Übereinstimmung mit der Lichtstärkeverteilung der LED erreicht wird. Dieses Lichtquellenmodell bietet bezüglich Design, Simulation und Analyse die Vorteile einer Punktquelle und beschreibt das Verhalten im Nahfeld wesentlich besser als eine simple Punktquelle. Im Vergleich zu einem umfassenden, geometrischen Modell der LED zeigt der hier vorgestellte Ansatz zwar eine stärkere Abweichung zum realen Strahlungsverhalten, ist aber deutlich einfacher zu entwerfen.

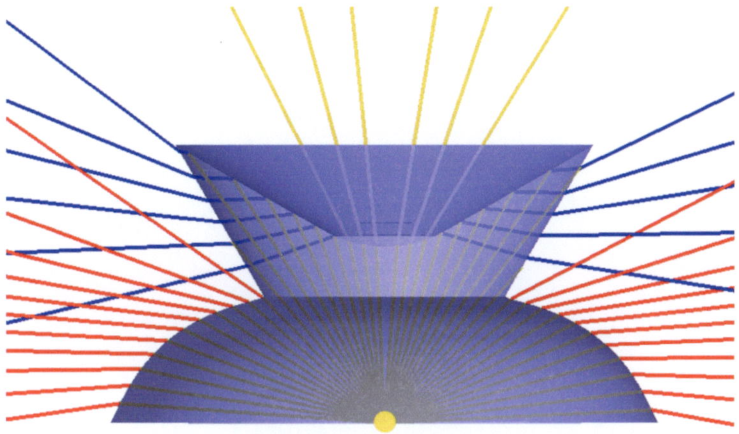

Abbildung 5.6: Darstellung des durch inverses Modellieren der Primäroptik erhaltenen Lichtquellenmodells der LUXEON LXHL[73]. Der gelbe Punkt markiert die Lambertsch strahlende Punktquelle.

5.2 LICHTSCHWERPUNKTE

Die Verwendung eines Lichtschwerpunktes als Modell einer ausgedehnten Lichtquelle basiert auf der Idee, mit Hilfe der Leuchtdichteinformation eines Rayfiles und einem geeigneten Algorithmus denjenigen Punkt im Raum zu suchen, von dem von außen betrachtet das Licht am ehesten zu kommen scheint. Wie Abb. 5.7 verdeutlicht, kann sich dieser Punkt je nach Quelle deutlich vom physikalischen Ursprung der Strahlung wie etwa einem LED-Chip unterscheiden. Im Folgenden wird zunächst die Berechnungsmethode für globale und multiple Lichtschwerpunkte vorgestellt. Anschließend zeigen Anwendungsbeispiele ihren Einsatz in der Praxis.

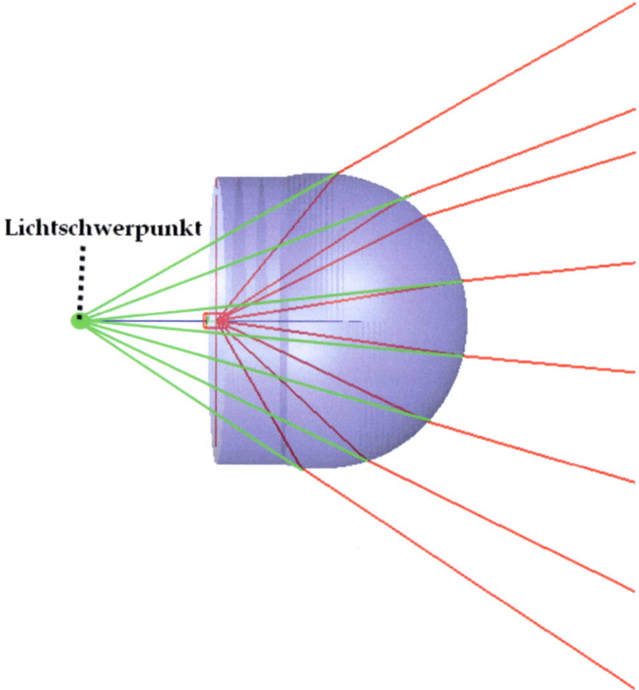

Abbildung 5.7: Darstellung des Lichtschwerpunktkonzepts für eine kollimierende LED-Primäroptik. Die roten Strahlen zeigen den tatsächlichen Strahlenverlauf einer Punktquelle, die grünen Strahlen verdeutlichen den Lichtschwerpunkt, von dem die Strahlen zu kommen scheinen.

5.2.1 METHODE

Da die Lichtstrahlen des Rayfiles einer Quelle im 3-dimensionalen Raum im Allgemeinen windschief liegen und keine Schnittpunkte existieren, basiert die hier vorgestellte Methode zur Berechnung eines Lichtschwerpunkts auf der Einführung eines Gütemaßes $Q_L(\mathbf{P})$, das die Qualität eines beliebigen Punktes $\mathbf{P} \in \mathbb{R}^3$ als Punktquellenmodell bewertet.

Analog zu den in Kapitel 4 eingeführten Bewertungen von Lichtverteilungen eignet sich auch hier eine Definition, die $Q_L \geq 0$ garantiert und das bestmögliche Ergebnis $\mathbf{P}_{\mathrm{Opt}}$ für ein eindeutig bestimmbares Minimum von Q_L gemäß Gln. 5.1 liefert.

$$Q_{L,\mathrm{Opt}} = \min_{\mathbf{P} \in \mathbb{R}^3} \left(Q_L \left(\mathbf{P} \right) \right) \tag{5.1}$$

Diese Bedingungen werden durch die in Gln. 5.2 gezeigte Definition erfüllt. Darin umfasst die Summe die n Strahlen des Rayfiles, während Φ_i den Lichtstromanteil eines einzelnen Strahls und $d_i(\mathbf{P})$ seinen Abstand zu dem Punkt $\mathbf{P}$ beschreibt. Die d_i können mit Hilfe der analytischen Geometrie als Abstand einer Gerade zu einem Punkt berechnet werden.

$$Q_L \left(\mathbf{P} \right) = C_5 \cdot \sum_{i=1}^{n} \left(\Phi_i d_i \left(\mathbf{P} \right) \right)^2 \tag{5.2}$$

Die Konstante C_5 bietet die Möglichkeit zur Normierung. Eine sinnvolle Wahl, die das Gütemaß Q_L sowohl unabhängig von einer Lichtstrom-Skalierung um einen Faktor k_1 im Sinne von $\Phi_i \rightarrow k_1 \cdot \Phi_i$ als auch einer

Veränderung der Strahlenzahl[1] der Form $n \rightarrow k_2 \cdot n$ macht, stellt Gln. 5.3 dar.

$$C_5 = \frac{1}{n \cdot \sum_{i=1}^{n} \Phi_i^2} \tag{5.3}$$

Aus der mathematischen Struktur von Gln. 5.2 geht hervor, dass Q_L von den Koordinaten x, y und z des Punktes $\mathbf{P}$ in Form eines quadratischen Polynoms abhängt. Damit ist es möglich die partiellen Ableitungen $\frac{\partial Q_L}{\partial x}$, $\frac{\partial Q_L}{\partial y}$ und $\frac{\partial Q_L}{\partial z}$ analytisch zu berechnen und bei der Suche nach dem Minimum von $Q_{L,min}$ in der Forderung $\nabla Q\,(\mathbf{P}) = \mathbf{0}$ einzusetzen. Es entsteht ein lineares Gleichungssystem für die gesuchten Koordinaten x_{Opt}, y_{Opt} und z_{Opt} des Schwerpunkts $\mathbf{P}_{Opt}$, das nur von den bekannten Parametern Lichtstrom, Startpunkt und Richtungsvektor der Strahlen abhängt. Durch Lösen dieses Gleichungssystems kann damit ein eindeutiger Punkt $\mathbf{P}_{Opt}$ für das gegebene Rayfile berechnet werden. Dieser Punkt kennzeichnet die Stelle, an der die Lichtstrahlen anschaulich am dichtesten liegen und wird als der **globale Lichtschwerpunkt** bezeichnet. Wenn man ihm nun die Lichtstärkeverteilung[2] der Quelle zuweist, repräsentiert dieses Modell die ausgedehnte Lichtquelle auf eine Art und Weise, die die unvermeidlichen Abweichungen zum realen Strahlungsverhalten minimiert.

Dieser Ansatz kann auf Basis der gleichen Berechnungsmethoden zu **multiplen Lichtschwerpunkten** erweitert werden, indem gewisse Auswahlkriterien definiert werden. Diese Kriterien dienen dazu, das Gesamt-Rayfile der Quelle in mehrere Teil-Rayfiles zu zerlegen. Anschließend wird für jeden dieser Anteile nach der obigen Methode

---

[1]Wenn zwei Rayfiles dieselbe Lichtquelle darstellen und sich nur um eine Strahlenzahl-Skalierung unterscheiden sollen, ist eine sinnvolle Festlegung, dass k_2 ganzzahlig sein muss und außerdem gilt, dass jeder Strahl i des ersten Rayfiles in k_2 Strahlen mit Lichtstrom $\frac{1}{k_2}\Phi_i$ im zweiten Rayfile aufgeteilt wird.

[2]Die Lichtstärkeverteilung kann aus dem Rayfile durch Integration über alle Startorte der Strahlen gewonnen werden.

ein einzelner Lichtschwerpunkt mit individuellem Abstrahlverhalten bestimmt.

Eines der zahlreichen denkbaren Auswahlkriterien ist eine Analyse des Rayfiles mit Hilfe einer Raytracingsoftware. Sie ist dazu in der Lage, räumliche Bereiche der Lichtquelle nach gewünschten Vorgaben zu trennen und auf diese Weise Teil-Rayfiles zu erstellen. So kann man beispielsweise eine Multichip-LED analysieren und jedem Chip einen eigenen Lichtschwerpunkt zuweisen.

Eine andere Möglichkeit stellt Abb. 5.8 schematisch dar. Darin wird die Lichtstärkeverteilung einer LED mit Primäroptik durch eine Halbkugel symbolisiert und in diskrete Winkel-Bereiche eingeteilt. Damit können die Strahlen nach diesen Bereichen sortiert und in die gleiche Anzahl Teil-Rayfiles zerlegt werden. Indem für jeden dieser Abstrahlungsbereiche ein Lichtschwerpunkt berechnet wird, entsteht auch hier ein Modell mit multiplen Punktquellen an verschiedenen Positionen und mit individuellem Abstrahlverhalten.

Die Auswahlkriterien zur Unterteilung des Rayfiles bei der Erstellung des Modells können dem Anwendungszweck entsprechend angepasst werden. Für den Initialentwurf einer Optik im Nahfeld einer Lichtquelle eignet sich die zuletzt genannte Bereichsunterteilung der Lichtstärke gut. Da jeder der Lichtschwerpunkte nur in einen der Winkelbereiche strahlt, kann dort dann ein eigenes Segment der Optik auf Basis dieser Punktquelle entworfen werden. Auf diese Weise wird der ausgedehnte Charakter der Lichtquelle berücksichtigt.

5.2.2 ANWENDUNG

Die oben beschriebene Methode zur Berechnung von Lichtschwerpunkten wurde in Form einer flexiblen Softwareanwendung mit graphischer Benutzeroberfläche implementiert. Mit Hilfe verschiedener

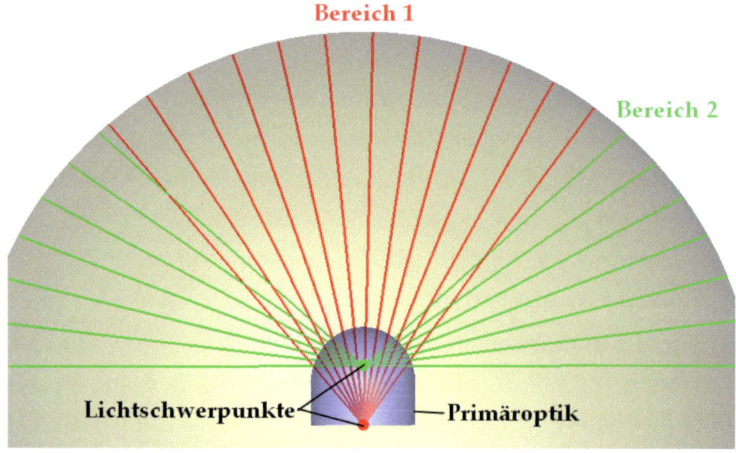

Abbildung 5.8: Schematische Darstellung eines multiplen Lichtschwerpunkte-Modells aus einer Lichtstärke-Einteilung in zwei Bereiche

Datenverarbeitungs- und Darstellungsoptionen können damit gängige Rayfile-Formate verarbeitet und analysiert werden.

Der Einsatz globaler oder multipler Lichtschwerpunktmodelle beim Initialentwurf optischer Systeme ist immer dann besonders vorteilhaft, wenn die Lichtquelle von einfachem Lambertschen Strahlungsverhalten deutlich abweicht und/oder durch einen strukturellen Aufbau gekennzeichnet ist, der keine offensichtliche Wahl eines Lichtquellenzentrums erlaubt. Das ist oft bei LEDs mit Primäroptiken der Fall. Darüber hinaus bieten Analysen mittels Lichtschwerpunkten eine gute Möglichkeit zum Vergleich verschiedener Lichtquellen. Wenn beispielsweise für die globalen Lichtschwerpunkte zweier Quellen $Q_L^{Quelle1} < Q_L^{Quelle2}$ gilt, kann man daraus folgern, dass und in welchem Maße *Quelle*1 sich besser als Punktquelle beschreiben lässt als *Quelle*2.

Seit 1-2 Jahren finden sich in manchen kommerziellen Raytracern und LED-Datenblättern Berechnungen bzw. Angaben, die sehr ähnlich zu dem hier vorgestellten Konzept der Lichtschwerpunkte sind. So gibt es in den Dokumenten, die den Rayfiles aktueller OSRAM LEDs beigefügt sind, eine Angabe zu dem *"virtual focus"* der Lichtquelle in Form von x, y und z Werten im Koordinatensystem der Rayfiles. Ein Vergleich mit dem Ergebnis der Berechnung des Lichtschwerpunkts nach der obigen Methode der Minimierung von Q_L liefert für eine beispielhafte LED[3] identische Zahlenwerte. In der Raytracing-Software FRED[13] gibt es die Möglichkeit, für ein Rayfile die sog. *"Best Geometric Focus"*-Analyse durchzuführen. Auch hier ergeben sich für Rayfiles wie etwa das der im obigen Beispiel verwendeten Luxeon LED[75] dieselben Zahlenwerte für den Lichtschwerpunkt. Diese Übereinstimmungen sind eine Bestätigung der hier präsentierten Vorgehensweise zur Modellierung von Lichtquellen durch Lichtschwerpunkte.

KOLLIMIERENDE LINSE

Als erstes Beispiel für die Generierung eines Lichtschwerpunktmodells und seiner Anwendung beim Initialdesign einer kollimierenden Linse wird im Folgenden die Luxeon SuperFlux LED HPWT Dx00[75] betrachtet. Eine Darstellung dieser LED und ihres Strahlungsverhaltens zeigt Abb. 5.9. Mit dem vom Hersteller zur Verfügung gestellten Rayfile folgert daraus das in Abb. 5.10 gezeigte Ergebnis für die Position des Lichtschwerpunkts. Wie man erkennen kann, liegt der Lichtschwerpunkt knapp einen Millimeter in Richtung der negativen z-Achse bezüglich des beim LED Chip zentrierten Rayfiles, also hinter dem

---

[3]Die Koordinaten für *"virtual focus"* und den Lichtschwerpunkt betragen für die OSRAM OSLON SSL 150 Color LT CPDP[74] für das Rayfile mit 5 Millionen Strahlen: $x = -0,018\,\mathrm{mm}$, $y = 0,012\,\mathrm{mm}$ und $x = 0,845\,\mathrm{mm}$.

(a) Perspektivansicht

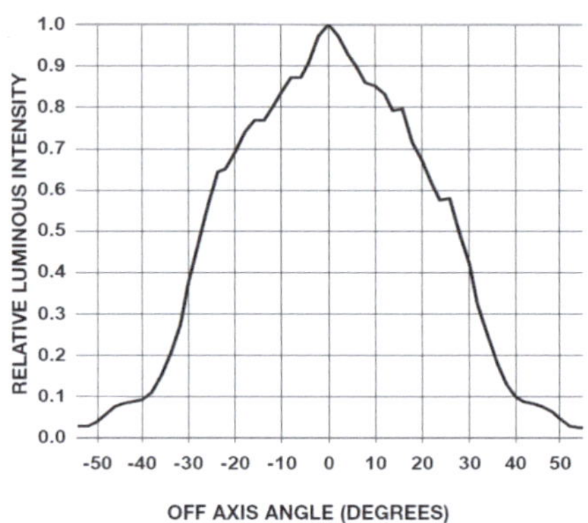

(b) Lichtstärkeverteilung

Abbildung 5.9: Die Luxeon LED SuperFlux HPWT Dx00 aus [75].

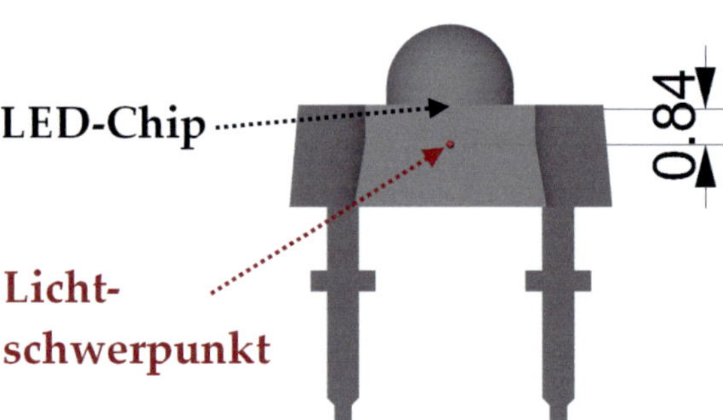

Abbildung 5.10: Darstellung der Position des Lichtschwerpunkts 0, 84 mm hinter der LED-Chip-Position bei einer Luxeon SuperFlux HPWT[75].

Chip. Dieses Ergebnis deckt sich sowohl mit dem nach Abschnitt 5.2.1 für kollimierende Primäroptiken zu erwartenden Ergebnis als auch mit Untersuchungen, die bezüglich der "Fokus-Verschmierung" dieser LED bereits experimentell durchgeführt wurden[76].

Für das optische Konzept des folgenden Initialentwurfs im Nahfeld dieser LED wurde wie in Abb. 5.11a dargestellt eine einfache, rotationssymmetrische PMMA-Linse mit planer Eintrittsfläche in $3,5\,mm$ Abstand vor dem Ursprung des Rayfiles der SuperFlux LED gewählt. Die Aufgabe der Linse ist es, das Licht der LED im Sinne der Lichtstärkeverteilung so stark wie möglich zu bündeln. Mit Hilfe des Tailorings wurde mit einer Lichtquellenmodellierung nach dem Stand der Technik zunächst eine Linsenfläche für eine Punktquelle im Ursprung des Rayfiles berechnet. Ein zweiter Einsatz des Tailorings setzte anschließend das Lichtschwerpunktmodell mit entsprechend modifizierter Punktquellenposition ein, um eine zweite Linse mit der gleichen planen Eintrittsfläche zu berechnen.

Die Ergebnisse der Simulationen beider Linsen mit ausgedehnter Lichtquelle sind als Lichtstärkeverteilung in Abb. 5.11b dargestellt. Eine Bewertung dieser Verteilungen durch verschiedene für dieses System geeignete Gütemaße Q_Φ zeigt Tab. 5.2. Wie daraus hervorgeht, zeigt die auf dem Lichtschwerpunktmodell basierende Linse ein wesentlich besseres Verhalten bezüglich der angestrebten Kollimation mit geringeren Werten für die Transferverluste.

	Standard-Modell	Lichtschwerpunkt-Modell
$Q_{\Phi,60°}$	0.19	0.09
$Q_{\Phi,10°}$	0.64	0.39
$Q_{\Phi,5°}$	0.89	0.77

Tabelle 5.2: Vergleich verschiedener Transferverlust-Gütemaße $Q_{\Phi,\theta}$ für das Design einer kollimierenden Linse. Der Wert θ bezeichnet die obere Grenze des betrachteten Polarwinkelbereichs $[0° - \theta]$.

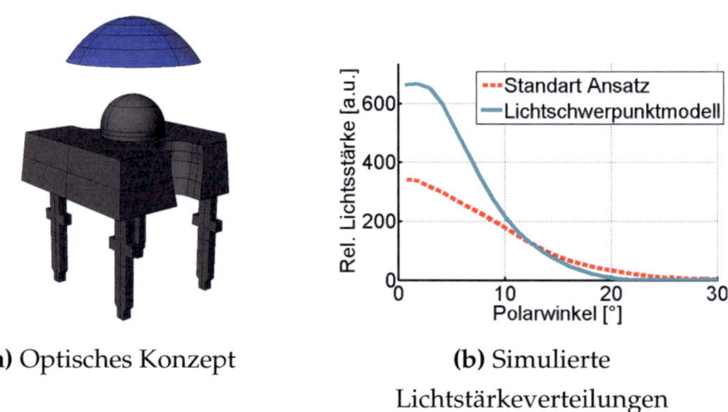

(a) Optisches Konzept

(b) Simulierte Lichtstärkeverteilungen

Abbildung 5.11: Optisches Konzept und resultierende Lichtstärkeverteilungen für den Initialentwurf einer kollimierenden PMMA Linse für eine SuperFLux LED

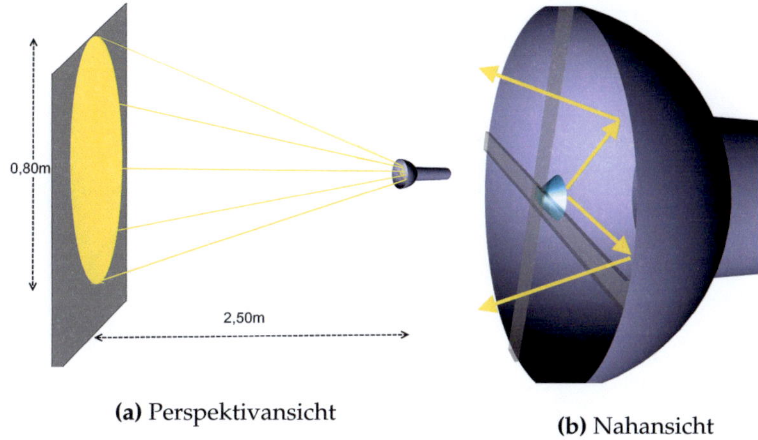

(a) Perspektivansicht   **(b)** Nahansicht

Abbildung 5.12: Darstellung des optischen Systems der LED-Taschenlampe und der Beleuchtungsaufgabe. Die rückwärts installierte LED lenkt das Licht über ihre Primäroptik auf den Taschenlampenreflektor, der einen Lichtkegel zur homogenen Beleuchtung erzeugen soll.

LED-TASCHENLAMPE

In einem zweiten Beispiel wird zur Demonstration von Berechnung und Einsatz eines anwendungsorientierten, multiplen Lichtschwerpunktmodells der Initialentwurf einer LED-Taschenlampe betrachtet. Das optische Konzept zeigt Abb. 5.12 und sieht als Lichtquelle eine rückwärts zur Abstrahlung der Taschenlampe installierte Luxeon-Rebel LED[77] mit einer Primäroptik[4] vor.

Diese Anordnung lenkt das Licht der LED effizient auf die vergleichsweise große Reflektorfläche der Taschenlampe, was eine reduzierte

---

[4]Die PMMA-Primäroptik wurde im Zuge des hier dargestellten Designbeispiels entworfen, um das Licht einer Lambertsch strahlenden LED mit hoher Effizienz auf eine Fläche mit den Abmessungen des Taschenlampen-Reflektors zu lenken.

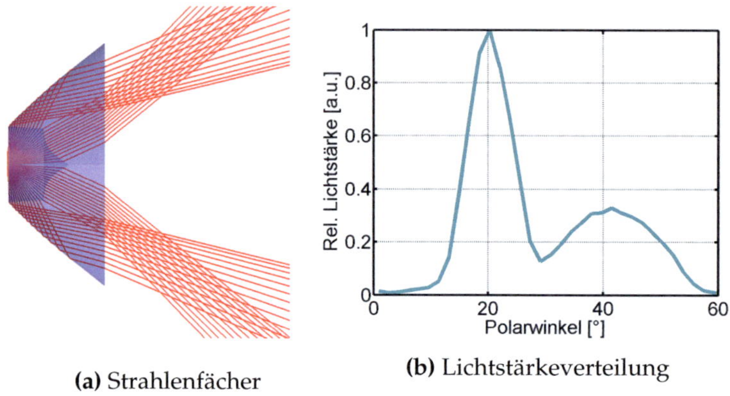

(a) Strahlenfächer (b) Lichtstärkeverteilung

Abbildung 5.13: Darstellungen zur Lichtquelle beim Entwurf des Reflektors der LED-Taschenlampe

Blendung bewirkt. Der Reflektor befindet sich im Nahfeld der Lichtquelle und hat die Aufgabe, eine kreisförmige Fläche mit $0,8\,$m Durchmesser in $2,5\,$m Abstand homogen zu beleuchten und ist Gegenstand des Initialentwurfs.

Für den Initialentwurf der ersten Version der Reflektorfläche mit Tailoring wurde die Lichtquelle nach dem Stand der Technik modelliert, indem eine im Zentrum des LED-Chips positionierte Punktquelle verwendet wurde. Die ihr zugeordnete Lichtstärkeverteilung kann dem Rayfile von LED mit Primäroptik entnommen werden und ist in Abb. 5.13 zu sehen.

Als Basis der zweiten Version des Reflektors eignet sich für dieses optische System ein aus zwei Lichtschwerpunkten bestehendes Modell. Es kann aus dem Rayfile der aus LED und Primäroptik bestehenden Lichtquelle mittels einer Lichtstärkesegmentierung als Auswahlkriterium erstellt werden. Eine Einteilung in die Lichtstärke-Bereiche $[0-30°]$ und $[30-60°]$ trennt dabei weitgehend das Licht, das über den inne-

	z-Position [mm]	relatives Q_L	Lichtstromanteil [%]
globaler LS	1.06	1	100
LS 1	-7,64	0,25	39
LS 2	2,77	0,38	61

Tabelle 5.3: Gegenüberstellung der Positionen, relativen Q_L-Werte und Lichtstromanteile des globalen Lichtschwerpunkts (LS) und der beiden Einzel-Schwerpunkte (*LS1*, *LS2*) der Lichtquelle des LED-Taschenlampen-Initialentwurfs. Die z-Achse entspricht der Symmetrie-Achse des Systems, der LED-Chip befindet sich bei $z = 0$.

ren Linsenbereich der Primäroptik gelenkt wird, von der Abstrahlung, die den Weg über Totalreflexion geht.

Für die Positionen, relativen Gütemaße und Lichtstromanteile der beiden zugehörigen Lichtschwerpunkte *LS 1* und *LS 2* ergeben sich die in Tab. 5.3 dargestellten Werte. Darin zeigt sich zunächst, dass der globale LS der Lichtquelle nur geringfügig vor dem LED Chip liegt. Das bedeutet, dass für eine Modellierung mit einem globalen LS keine wesentlichen Unterschiede zum Stand der Technik zu erwarten sind. *LS 1* und *LS 2* liegen dagegen bedingt durch die Primäroptik an Positionen deutlich hinter bzw. vor dem Chip. Das ermöglicht das Tailoring des Reflektors in zwei Segmenten, die jeweils nur das Licht eines der Schwerpunkte erfassen und so das Strahlungsverhalten der ausgedehnten Quelle berücksichtigen. Abb. 5.14 verdeutlicht schematisch den Zusammenhang zwischen dem multiplen Lichtschwerpunktmodell und den Reflektor-Segmenten.

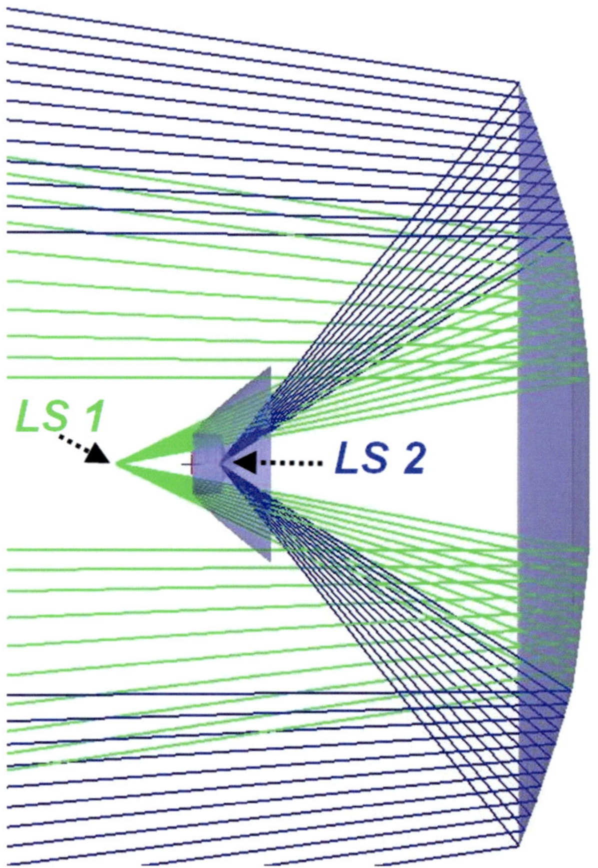

Abbildung 5.14: Schematische Darstellung des Zusammenhangs zwischen dem multiplen Lichtschwerpunktmodell mit *LS 1* und *LS 2* und dem Initialentwurf des Reflektors in zwei Segmenten

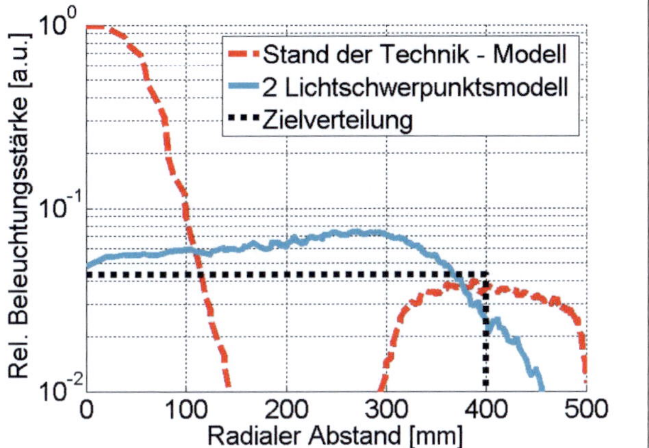

Abbildung 5.15: Ergebnisse der Simulation der rotationssymmetrisch gemittelten Beleuchtungsstärkeverteilungen für die beiden Initialentwürfe des LED-Taschenlampenreflektors im Vergleich zur angestrebten Zielverteilung in logarithmischer Auftragung

Der in Abb. 5.15 gezeigte Vergleich der beiden simulierten Beleuchtungsstärkeverteilungen auf einer Detektorfläche in 2,5 m Entfernung belegt eine wesentliche Verbesserung des Initialentwurfs durch das multiple Lichtschwerpunktmodell. Die auf der Lichtquellen-Modellierung nach dem Stand der Technik beruhende Reflektor-Optik kann als ungeeignet für diese Anwendung bezeichnet werden, da sie in einer sehr inhomogenen Verteilung resultiert. Dagegen erfüllt die Verteilung, die der Reflektor auf Basis des multiplen Schwerpunktmodells erzeugt, die Anforderungen sehr gut.

Drückt man die erreichte Verbesserung als Vergleich der Gütemaße der quadratischen Abweichung Q_A im Radialbereich von 0 bis 500 mm aus, dann entspricht das einer Reduzierung um 98%.

Dieser hohe Wert wird hier wesentlich durch das schlechte Ergebnis verursacht, das eine Modellierung der Lichtquelle nach dem Stand der Technik ergibt. Dies kann als Extremfall betrachtet werden, bei dem multiple Lichtschwerpunkte für ein ausreichendes Design unerlässlich sind. Wie groß die Verbesserungen für Initialentwürfe bei anderen Systemen sind, hängt in hohem Maße von den Eigenschaften der Lichtquelle und der Trennung ihrer Lichtschwerpunkte im Orts- und Winkelraum ab.

KAPITEL 6

ENTWURFSOPTIMIERUNG MIT LICHTSTROMKOMPENSATION

Ziel der Entwurfsoptimierung im Zuge eines Optikdesignprozesses ist es, Modifikationen der lichtlenkenden Flächen der initialen Berechnung so vorzunehmen, dass für ein detailliertes Simulationsmodell bessere Ergebnisse hinsichtlich der gewünschten Beleuchtung erreicht werden. Dieses Kapitel stellt dafür das Konzept der Lichtstromkompensation vor. Die grundsätzliche Idee dabei ist die iterative Anwendung der Initialentwurfsmethode des Tailorings mit jeweils neu vorgegebener Zielverteilung. Diese angepassten Vorgaben werden aus einer systematischen Evaluation der Verteilungen des Lichtstroms aus der Simulation bestimmt. Auf diese Weise sollen die Abweichungen zur gewünschten Verteilung reduziert und Effekte wie die Lichtquellenausdehnung kompensiert werden.

In den folgenden Abschnitten wird zunächst die Methode der Lichtstromkompensation in Form eines Algorithmus und der zugrunde liegenden Berechnungen vorgestellt. Danach werden die Implementierung und die Anwendung bei beispielhaften Systemen aufgeführt. Zuletzt zeigt eine Gegenüberstellung von Mess- und Simulationsdaten einer im Rahmen eines Forschungs- und Entwicklungsprojektes entworfenen und hergestellten TIR-Hybrid-Optik eine Umsetzung in einem Prototyp.

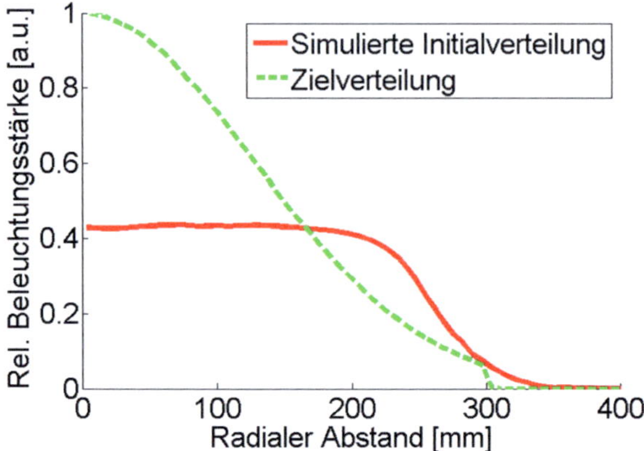

Abbildung 6.1: Relative Beleuchtungsstärkeverteilungen aufgetragen über dem radialen Abstand vom Zentrum einer Detektorfläche. f_{Ist}(rot, durchgezogen) zeigt das Ergebnis eines detaillierten Simulationsmodells für ein per Tailoring berechnetes Initialsystem im Nahfeld einer ausgedehnten Lichtquelle für die Zielverteilung f_{Ziel} (grün, gestrichelt).

6.1 METHODE

Eine der Eingangsgrößen zur Berechnung reflektierender oder refraktiver Flächen mit Hilfe des in Abschnitt 3.1.3 eingeführten Tailoring ist die gewünschte Verteilung $f_{\text{Ziel}}(x)$, die als Beleuchtungsstärkeverteilung $E_{\text{Ziel}}(r)$ auf einer Detektorfläche oder als Lichtstärkeverteilung $I_{\text{Ziel}}(\theta)$ definiert ist. Da das Tailoring auf einer Punktquellennäherung beruht, kann die tatsächlich erreichte Verteilung $f_{\text{Ist}}(x)$ eines Initialentwurfs im Nahfeld einer ausgedehnten Lichtquelle wesentlich von $f_{\text{Ziel}}(x)$ abweichen. Diese Abweichungen sind umso größer, je kleiner die Optik im Vergleich zur Lichtquellenausdehnung ist. Eine beispielhafte Darstellung für den Vergleich einer angestrebten und einer erhaltenen Verteilung zeigt Abb. 6.1.

Um eine bessere Übereinstimmung zwischen $f_{\text{Ziel}}(x)$ und $f_{\text{Ist}}(x)$ zu erreichen, wurde u.a. von Cassarly in [49] die Lichtstromkompensation vorgeschlagen. Sie basiert auf der Betrachtung der Verteilungen im Raum des integrierten Lichtstroms $\Phi(x)$. Diese Funktion gibt für eine Verteilung $f(x)$ in dem durch die Grenzen $[x_S, x_E]$ festgelegten Gebiet G den Anteil des Gesamtlichtstroms Φ_{Gesamt} an, der bis zur Koordinate x durch Integration erreicht wurde. Gln. 6.1 zeigt die zugehörige mathematische Formulierung.

$$\Phi(x) = \int_{x_S}^{x} f(\tilde{x}) \mathrm{d}\tilde{x} \tag{6.1}$$

Zur einfacheren Darstellung werden im Folgenden Systeme mit Beleuchtungsstärken betrachtet. Für Lichtstärkeverteilungen gelten analoge Ausdrücke.

Für ein System, bei dem die in Abb. 6.1 dargestellte Beleuchtung auf einer Detektorfläche vom Zentrum mit $r_S = 0$ aus bis zu einem Radius $r_E = 300\,\text{mm}$ erreicht werden soll, kann die Funktion $\Phi_{\text{Ziel}}(r)$ gemäß Gln. 6.2 aus $E_{\text{Ziel}}(r)$ berechnet werden. Nach Konstruktion gilt $\Phi_{\text{Ziel}}(0) = 0$ und $\Phi_{\text{Ziel}}(r_E) = 1$. Den Verlauf der Funktion zeigt Abb. 6.2.

$$\Phi(r) = \int_{r_S}^{r} E(\tilde{r})\tilde{r}\mathrm{d}\tilde{r} \tag{6.2}$$

Für die weiteren Schritte ist eine Einteilung von $\Phi(r)$ in eine geeignete Anzahl n von gleichen Lichtstrom-Anteilen $\Delta\Phi = \frac{\Phi_{\text{Gesamt}}}{n}$ notwendig. Sie wird in Abb. 6.2 für $n = 20$ durch die horizontalen, gestrichelten Linien dargestellt. Der zum k-ten Lichtstrom-Anteil $\Phi_k = k \cdot \Delta\Phi$ gehörende Radius r_k kann aus Gln. 6.3 mit einem numerischen Verfahren zur Nullstellensuche gewonnen werden.

$$\Phi(r) - \Phi_k = 0 \tag{6.3}$$

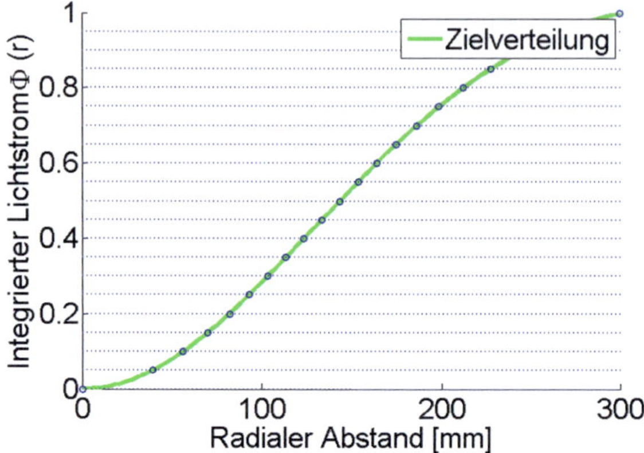

Abbildung 6.2: Beispielhafte Darstellung einer Beleuchtungsstärke-Zielfunktion in Form des integrierten Lichtstroms $\Phi_{\text{Ziel}}(r)$. Die mit blauen Kreisen markierten Positionen entsprechen einer Einteilung in 20 äquidistante Lichtstromanteile.

Dies erlaubt einen systematischen Vergleich zwischen den Positionen $r_{k,\text{Ziel}}$ der gewünschten und $r_{k,\text{Ist}}$ der durch Simulation des Initialsystems erreichten Ist-Verteilung jedes Anteils Φ_k anzustellen. Bei der dafür nötigen Bestimmung der Lichtstromfunktion $\Phi_{\text{Ist}}(r)$ nach Gln. 6.2 ist es sinnvoll, anhand des Verlaufs von $E_{\text{Ist}}(r)$ entsprechende Grenzen $r_{S,\text{Ist}}$ und $r_{E,\text{Ist}}$ so festzulegen, dass beispielsweise 95% des Gesamtlichtstroms enthalten ist. Dadurch können Probleme durch sehr große Werte für $r_{\text{Ist},k}$ am Rand des Gebiets vermieden werden.

Eine neue Lichtstrom-Zielverteilung $\Phi_{\text{Neu}}(r)$ wird nun derart berechnet, dass die Abweichungen der r-Positionen kompensiert werden. Wenn beispielsweise der Lichtstromanteil Φ_k nach Zielvorgabe an der Position $r_{k,\text{Ziel}}$ lokalisiert sein soll und sich nach Simulation an Position

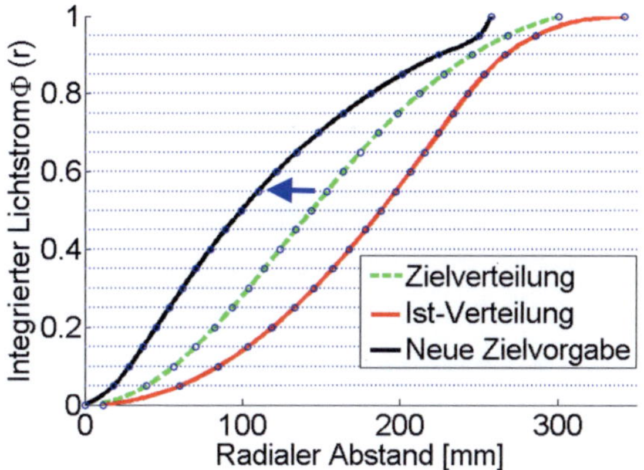

Abbildung 6.3: Darstellung des Prinzips der Lichtstromkompensation: Auf Basis eines Vergleiches der Ziel- und Ist-Lichtstrom-Verteilungen kann wie durch den blauen Pfeil angedeutet eine neue Zielvorgabe $\Phi_{\text{Neu}}(r)$ berechnet werden.

$r_{k,\text{Ist}}$ befindet, kann daraus die Position $r_{k,\text{Neu}}$ gemäß Gln. 6.4 bestimmt werden.

$$r_{k,\text{Neu}} = r_{k,\text{Ziel}} - D \cdot (r_{k,\text{Ist}} - r_{k,\text{Ziel}}) \qquad (6.4)$$

Darin stellt der Dämpfungsfaktor $D \in [0, 1]$ eine Möglichkeit dar, Einfluss auf das Ausmaß der Änderung der Zielverteilung zu nehmen und gegebenenfalls anwendungsspezifische Anpassungen durchzuführen. In Abb. 6.3 wurde die schwarz gezeichnete, neue Zielverteilung $\Phi_{\text{Neu}}(r)$ mit $D = 1$ berechnet. Der Pfeil verdeutlicht die Verschiebung der r-Positionen beispielhaft an einer Stelle. Zuletzt ist eine Rücktransformation zu einer Beleuchtungsstärkeverteilung $E_{\text{Neu}}(r)$ nötig, um diese in der anschließenden Durchführung des Tailoring bei ansonsten unveränderten Systemparametern einzusetzen. Sie kann aus $\Phi_{\text{Neu}}(r)$ nach Gln. 6.5 berechnet werden. Die Bereiche mit starken

Änderungen $\frac{d\Phi(r)}{dr}$ und um $r = 0$ herum müssen zur Vermeidung numerischer Probleme mit geeigneten Methoden behandelt werden.

$$E_{\text{Neu}}(r) = \frac{1}{2\pi r} \cdot \frac{d\Phi_{\text{Neu}}(r)}{dr} \tag{6.5}$$

Die auf diese Weise berechneten Flächen berücksichtigen letztlich durch eine angepasste Vorgabe für das Tailoring die zu erwartenden Einflüsse des realen Systems. Eine Erweiterung dieses Ansatzes auf die in Abb. 6.4 gezeigte iterative Anwendung kann ein optisches System weiter verbessern. Darin dienen die jeweils zuletzt berechnete Fläche und ihre Simulationsdaten als Basis des Vergleichsprozesses zwischen den Ziel- und Ist-Verteilungen des Lichtstroms. Zusätzlich stehen dem Lichtstromkompensations-Algorithmus ab der zweiten Iteration weitere nutzbare Informationen zur Verfügung. So kann der Effekt einer Verschiebung der Lichtstromanteile nach Gln. 6.4 aus einem vorherigen Kompensationsversuch mit den tatsächlich erreichten Positionen verglichen werden. Dieser Vergleich ermöglicht die Definition eines Gewichtsfaktors $q(r)$, der zusätzlich in die Berechnung der $r_{k,\text{Neu}}$ einfließt.

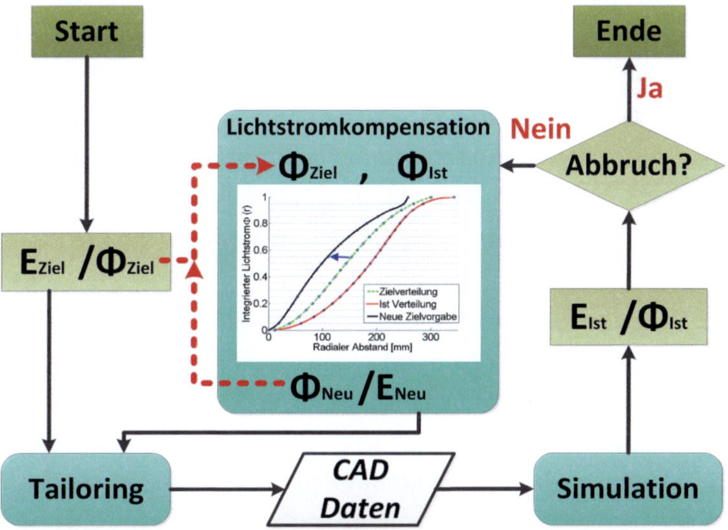

Abbildung 6.4: Flussdiagramm des Lichtstromkompensations-Algorithmus. Die schwarzen Pfeile zeigen den Prozessablauf, die rot gestrichelten Pfeile entsprechen einer Ersetzung der entsprechenden Größe für die nächste Berechnung.

6.2 ANWENDUNG

Die im vorigen Abschnitt dargestellte Methode zur Entwurfsoptimierung mit Lichtstromkompensation wurde im Rahmen dieser Arbeit in automatisierter Form in die bestehende Struktur des Tailoring in Matlab implementiert. Auf diese Weise kann für das Optikdesign rotationssymmetrischer Systeme eine Verbesserung des Initialentwurfs direkt über die graphische Bedienoberfläche erfolgen. Neben dem Einlesen der Simulationsdaten der verschiedenen Iterationsschritte müssen dann zur Nutzung des Algorithmus nur noch einige anwendungsabhängige Parameter wie der Dämpfungsfaktor D oder die Auflösung n der Lichtstromeinteilung vom Benutzer gewählt werden.

Das folgende Beispiel demonstriert den Einsatz der Lichtstromkompensation zur Optimierung einer rotationssymmetrischen PMMA-Linse. Dazu wurde das in Abb. 6.5 dargestellte optische Konzept gewählt. Es zeigt eine im Nahfeld einer LED befindliche, sehr kleine PMMA Linse mit planer Lichtaustrittsfläche. Sie soll das Licht auf eine 500 mm entfernte Fläche lenken und dort eine Spotbeleuchtung mit 300 mm Halbwertsbreite und kontinuierlichem Rückgang zu den Rändern hin erzeugen. Eine mögliche Anwendung für ein solches System ist etwa eine sehr flache Vitrinen-Beleuchtung oder eine sehr kompakte Taschenlampe. Geeignete Beleuchtungsstärken im Mittelpunkt des Spots liegen bei 500 - 1000 Lux. Als Lichtquelle wurde für die folgenden Simulationen ein Rayfile der LED vom Typ CREE XP-G2[78] mit einem Lichtstrom von 200 lm verwendet, das entspricht etwa einem Betrieb bei 700 mA.

Für dieses System wurde der Vergleich der rotationssymmetrisch gemittelten Verteilungen des Initialentwurfs und der Zielverteilung auf Ebene der Beleuchtungsstärken sowie des integrierten Lichtstroms bereits im vorigen Abschnitt bei der Einführung der Methode in Abb. 6.1 und Abb. 6.3 dargestellt. Der Lichtstromkompensations-Algorithmus

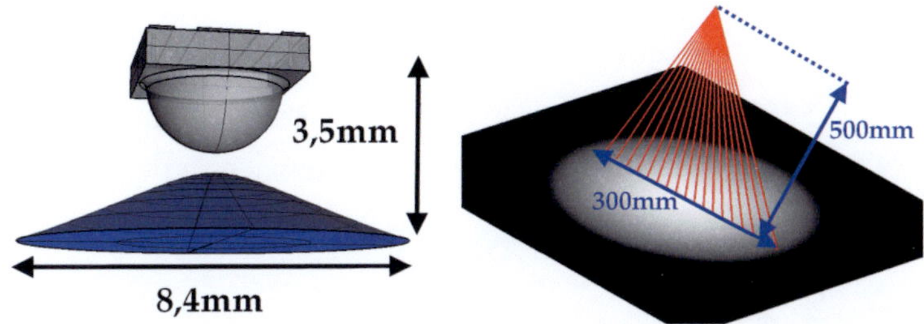

Abbildung 6.5: Darstellung des optischen Konzepts aus Linse und LED sowie der erwünschten Beleuchtung der Zielfläche in logarithmischer schwarz-weiß Skalierung.

wurde in zwei Iterationen n_1 und n_2 jeweils mit $D = 1$ durchgeführt. Bei der zweiten Iteration kam eine zusätzliche Korrektur $q(r)$ gemäß der oben beschriebenen Methode zum Einsatz. Eine Gegenüberstellung der Simulation der Beleuchtungsstärkeverteilungen zeigt Abb. 6.6. Daraus ist ersichtlich, dass gegenüber dem Initialdesign n_0 eine deutliche Verbesserung erreicht wurde. Dies zeigt auch die Bewertung mit verschiedenen, für dieses System geeigneten Gütemaßkriterien in Tab. 6.1. Darin werden neben den quadratischen Abweichungen[1] sowohl die Transferverluste als auch die Halbwertsbreiten der Verteilungen betrachtet. In allen Kriterien belegen die dargestellten Zahlenwerte der Iterationen n_1 und n_2 deutliche Verbesserungen. Im Sinne der multikriteriellen Bewertung mit dem gleichgewichteten Summengütemaß $Q_{M,Sum1}$ konnte die resultierende Linse n_2 auf weniger als ein Drittel des Initialwertes reduziert werden.

Eine Ansicht der Querschnittskurven der Linsen n_0, n_1 und n_2 sowie eine Darstellung der erreichten Beleuchtungsstärkeverteilung der Linse n_2 auf der Detektorfläche zeigt Abb. 6.7.

---

[1]In Tab. 6.1 wird das Gütemaß der quadratischen Abweichungen Q_A zusätzlich linear mit r gewichtet. Es beschreibt dadurch die Verteilung des Lichtstroms für das rotationssymmetrische System besser und es gilt entsprechend $Q_A^r \sim \int r \left(E_{\text{Ideal}} \left(r \right) - E_S \left(r \right) \right) dr$.

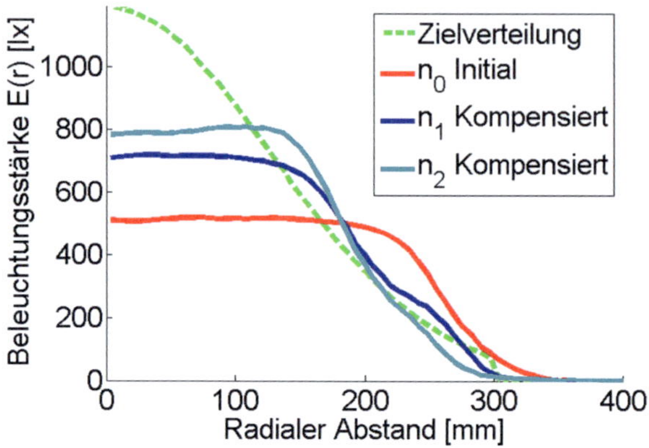

Abbildung 6.6: Vergleich der radial aufgetragenen Beleuchtungsstärkeverteilungen für die Lichtstromkompensation einer PMMA Linse auf Basis des Tailoring.

	Q_A^r	Q_Φ^{150}	Q_P^{FWHM}	$Q_{M,Sum1}$
n_0	1	1	1	**3**
n_1	0,22	0,46	0,39	**1,07**
n_2	0,23	0,19	0,36	**0,78**

Tabelle 6.1: Gütemaßbewertung der Beleuchtungsstärkeverteilungen des Initialsystems n_0 sowie der durch Lichtstromkompensation berechneten Linsen n_1 und n_2 der ersten und zweiten Iteration. Das Gütemaß Q_A^E quantifiziert die linear radial gewichteten quadratischen Abweichungen, Q_Φ^{150} misst die Transferverluste innerhalb eines 150 mm Radius, während das Merkmalsgütemaß Q_P^{FWHM} die Halbwertsbreiten bewertet. Alle Einzel-Gütemaße wurden auf das Initialdesign normiert. Bei der multikriteriellen Bewertung $Q_{M,Sum1}$ wurde für alle Beiträge das gleiche Gewicht gewählt.

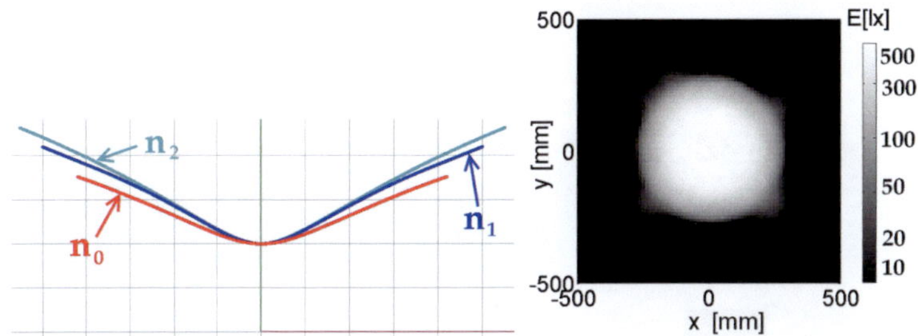

Abbildung 6.7: Querschnittsansichten der Linsen n_0, n_1 und n_2 der Lichtstromkompensation sowie eine Darstellung der simulierten Beleuchtungsstärke der Linse n_2 auf der Detektorfläche in logarithmischer Skalierung.

6.3 VALIDIERUNG

Bei der Entwicklung des optischen Systems einer explosionsgeschützten[2] Taschenlampe im Rahmen des Projektes ExLamp[3] kam unter anderem die Lichtstromkompensation zum Einsatz. Der Prozess wurde einschließlich der Fertigung eines Prototypen sowie dessen photometrischer Vermessung und Analyse erfolgreich abgeschlossen und wird daher im Folgenden als beispielhafte Validierung vorgestellt.

Die Rahmenbedingungen für das optische Design wurden im Wesentlichen durch einen Bauraum mit ca. 32 mm Durchmesser und 18 mm Tiefe, eine Einzel-Chip LED vom Typ Seoul Z-Power P4[79] und die lichttechnischen Anforderungen der DIN 14649[80] vorgegeben. Letz-

---

[2]Explosionsgeschützte Leuchten können in explosionsfähigen Atmosphären eingesetzt werden und müssen entsprechend gewissen Sicherheitsrichtlinien genügen, die ein Entzünden verhindern.

[3]Das Projekt "ExLamp" wird durch das Förderprogramm "Zentrales Innovationsprogramm Mittelstand (ZIM)" vom Bundesministerium für Wirschaft und Technologie unterstützt. Die vollständige Bezeichnung des FuE- Projektes lautet: ExLamp - Entwicklung einer explosionsgeschützten Leuchte mit maßgeschneiderter Zoom-Optik für LED-Systeme kleiner Brennweiten zum Einsatz in kritischen Bereichen.

Abbildung 6.8: Die explosionsgeschützte Taschenlampe Ex-Lite PL 30 von ecom instruments GmbH.

Abstrahlwinkel [°]	Lichtstärken [cd]
0	4 000
5 ± 0,5	200
11 ± 1	20
22 ± 2	5
45 ± 5	2

Tabelle 6.2: Vorgeschriebene minimale Lichtstärken der rotationssymmetrischen Abstrahlung für explosionsgeschützte Einsatzleuchten nach DIN 14649[80].

tere werden in Tab. 6.2 aufgelistet und beschreiben die minimal zu erreichenden Lichtstärken für eine rotationssymmetrische Abstrahlung. Wie daraus hervorgeht, liegen die größten Herausforderungen für das Optikdesign zum einen in dem vergleichsweise großen Winkelbereich bis 50°. Zum anderen unterschieden sich die notwendigen Lichtstärken um bis zu einen Faktor 2000 voneinander. Um diese Anforderungen mit dem zur Verfügung stehenden Lichtstrom von etwa 200 lm möglichst effizient zu erreichen, ist es notwendig, eine passende Zielverteilung ohne große Abweichungen umzusetzen. Diese

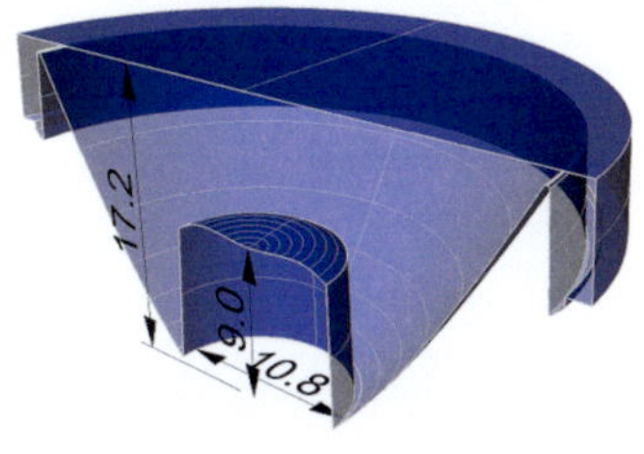

(a) CAD Querschnittsansicht

(b) Foto

Abbildung 6.9: Die im Rahmen des Projektes "ExLamp" entworfene TIR-Hybrid-Optik

Zielverteilung wurde so gestaltet, dass sie jeden der Lichtstärkewerte mit ausreichender Toleranz erreicht, ohne dabei in die entsprechenden Winkelbereiche mehr Licht als nötig zu lenken.

Als optisches Konzept wurde eine für Taschenlampen bewährte und für den gegebenen Bauraum geeignete TIR-Hybrid-Optik gewählt. Da aufgrund verschiedener Vorteile eine ebene Lichtaustrittsfläche festgelegt wurde, verblieben damit die Lichteintrittsfläche des Linsenbereichs sowie die Totalreflexionsfläche als modifizierbare Flächen für den Optikdesignprozess. Nach Entwurf eines Initialsystems mit Hilfe des Tailoring kam anschließend die Lichtstromkompensation zum Einsatz. Das war unter anderen deshalb notwendig, weil die Beschreibung der LED als Punktquelle für die gegebenen Dimensionen der Optik nicht gerechtfertigt ist und eine Optimierung des Initialentwurfs notwendig war. Abb. 6.9 zeigt ein Schnittbild der mittels Lichtstromkompensation berechneten TIR-Hybrid-Optik sowie ein Foto des hergestellten Prototyps. Die Herstellung erfolgte durch die HELLA KGaA Hueck & Co. mittels eines Dreh- und anschließenden Polierprozesses.

Die photometrische Messung des Prototyps erfolgte mit Hilfe eines Fernfeldgoniometers am LTI. Den Vergleich zwischen den Lichtstärke-

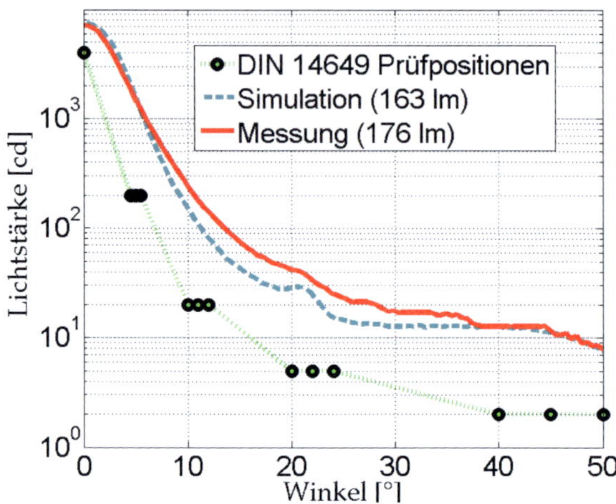

Abbildung 6.10: Darstellung des logarithmisch aufgetragenen Lichtstärkeverlaufs für Simulation und Messung der mittels Lichtstromkompensation entworfenen TIR-Hybrid Optik im Rahmen des Projekts ExLamp. Die grünen Kreise markieren die geforderten Minimallichtstärken der DIN 14649[80].

verteilungen aus Messung und Simulation sowie die Minimalwerte der Norm zeigt Abb. 6.10. Neben der Erfüllung der geforderten Minimallichtstärken mit überwiegend großen Toleranz-Abständen ist auch eine sehr gute Übereinstimmung zwischen der Simulation des optimierten Entwurfs und der Messung erkennbar.

KAPITEL 7

ENTWURFSOPTIMIERUNG MIT OFFD

Dieses Kapitel stellt eine Methode zur Optimierung von Initialentwürfen im Rahmen eines Optikdesignprozesses in der nicht-abbildenden Optik vor, die sog. **OFFD** (*"Optimierung mit Freiform-Deformation"*). Sie ist dazu geeignet, Freiform-Kurven und -Flächen zu behandeln. Dabei entstehen durch die Kombination aus einem mathematischen Optimierungsansatz und dem geometrischen Verfahren der Freiform-Deformation (FFD) sehr universell verwendbare, automatisierte und flexible Rahmenbedingungen zur Verbesserung von Initialentwürfen für zahlreiche optische Konzepte. Die resultierenden, lichtlenkenden Flächen beinhalten durch die methodisch integrierte, detaillierte Simulationsumgebung viele Möglichkeiten zur Berücksichtigung realen Strahlungsverhaltens. Damit kann die Ausdehnung der Lichtquelle in die Optimierung von Freiform-Flächen im Nahfeld von LEDs einfließen. Die speziellen Eigenschaften der OFFD bieten außerdem große Vorteile bezüglich der Anzahl und Art der Optimierungsparameter, sodass zum einen deren Auswahl vergleichsweise einfach und direkt geschehen kann. Zum anderen bleibt der Rechenaufwand überschaubar.

Im Folgenden wird zur Erläuterung der OFFD zunächst eine Aufstellung der wichtigsten Kriterien bei der Verwendung von Optimierung in der nicht-abbildenden Optik speziell für Freiform-Flächen gegeben. Der anschließende Abschnitt fasst die wesentlichen Aspekte der FFD als geometrisches Verfahren zusammen. Danach wird der Algorithmus zur Synthese von Optimierung und FFD zur OFFD präsentiert. Zur Demonstration einiger Anwendungen folgt dann die Entwurfsoptimierung beispielhafter optischer Systeme im Nahfeld von LEDs. Ergänzend liefert eine Analyse einen Überblick über den Einfluss der verschiedenen Parameter, die bei der Durchführung gewählt werden können. Abschließend wird zur Validierung der OFFD das Design, die Fertigung sowie die lichttechnische Vermessung einer LED Freiform-Linse für eine Straßenbeleuchtung präsentiert.

7.1 Methode

Wie aus der Vorstellung des entsprechenden Konzepts in Abschnitt 3.1.4 der Grundlagen hervorgeht, stellt die Verwendung von Optimierung in der Allgemeinbeleuchtung eine sehr flexible und automatisierbare Methode zur Verbesserung von Initialentwürfen dar. Allerdings zeigt die Darstellung des Stands der Technik auch die mit der Flexibilität verbundene hohe Schwierigkeit bei der konkreten Wahl der Kernbestandteile. Diese Problematik verstärkt sich insbesondere für Freiform-Flächen erheblich. Die Kernbestandteile sind

- die **Bewertungsfunktion** f, die eine Aussage über die Qualität eines gegebenen optischen Systems hinsichtlich der gewünschten Beleuchtung macht,

- der **Optimierungsalgorithmus**, der festlegt in welchen Schritten das System verändert wird und

- der **Optimierungsvariablenvektor x**, der definiert, welche Parameter des Systems durch den Algorithmus modifiziert werden.

Diese werden im Folgenden zunächst analysiert und Lösungen vorgeschlagen. Bezüglich des Variablenvektors **x** stellt dabei die FFD eine entscheidende Neuerung dar, die letztlich die Synthese zur OFFD erlaubt.

7.1.1 OPTIMIERUNG VON FREIFORM-FLÄCHEN IN DER ALLGEMEINBELEUCHTUNG

Gemäß der obigen Liste werden als Grundgerüst zur Generierung eines Optimierungsansatz dessen Komponenten zunächst analysiert und geeignet modifiziert:

Die Bewertungsfunktion f : Grundsätzlich können auch für Freiform-Flächen die eher einfachen Bewertungsfunktionen, die in vielen bisherigen Ansätzen in der Literatur eingesetzt werden und die in den Grundlagen vorgestellt wurden, verwendet werden. Sowohl für rotationssymmetrische als auch für nicht-rotationssymmetrische Systeme eignen sich allerdings die in Kapitel4 eingeführten Gütemaßkriterien Q deutlich besser für einen Einsatz als Bewertungsfunktion für eine Optimierung. Sie bieten hohe Flexibilität und können u.a. durch multikriterielle Bewertung anwendungsspezifisch angepasst werden, um die Beleuchtungsaufgaben auch für Freiform-Optiken gut zu beschreiben. Insbesondere bei komplexeren Zielverteilungen eignen sich für einen ersten Optimierungsversuch in der Regel die eher universellen Kriterien der quadratischen Abweichungen Q_A und der Transferverluste Q_Φ am besten. Bei weiteren, darauf folgenden Optimierungen sind dann speziellere Kriterien sinnvoll.

Für jede Berechnung eines Gütemaßes ist eine vollständige Simulation des Systems in seinem aktuellen Zustand S in einer Raytracing-Software notwendig. Die dadurch verfügbaren Licht- und Beleuchtungsstärkeverteilungen liegen dann in einer gewissen Detektorauflösung in der Regel als Datenmatrix vor und erlauben die Berechnung von $Q = f_S$.

Im Zuge eines Optimierungsprozesses ist es wichtig, den Rechenaufwand für jede Auswertung von f gering zu halten. Bei Anwendung in der nicht-abbildenden Optik trägt dazu in erster Linie die Simulationsdauer entscheidend bei. Sie skaliert bei einem festgelegten und geeignet modellierten[1] optischen System etwa linear mit dem Parameter n, der Anzahl der Lichtstrahlen der Lichtquelle. Je nach Komplexität des Modells ist die Dauer einer einzelnen Simulation sehr unterschiedlich und liegt in der Praxis zwischen wenigen Sekunden und mehreren Stunden.

Da die Auswertung von f auf einer Simulation beruht, die statistisch per Monte-Carlo-Verfahren oder anderweitig generierte, einzelne Strahlen verwendet, sind die Gütemaßwerte mit einem Fehler versehen. Im Fall der Monte-Carlo-Simulation ist das der statistische Fehler $\sigma_Q(n)$. Er beschreibt die Größe der Schwankungen, die bei identischem Systemzustand bei der Berechnung von Q zu erwarten sind. Die in Abb. 7.1 und Abb. 7.2 für einige Beispielsysteme gezeigten Ergebnisse einer entsprechenden Analyse bestätigen dabei die für Monte-Carlo-Methoden zu erwartende Abhängigkeit der Form $\sigma_Q(n) \sim \frac{1}{\sqrt{n}}$. Sie manifestiert sich als lineare Abhängigkeit von $\sigma(n)$ in einer doppellogarithmischen Auftragung mit einer Steigung von $-\frac{1}{2}$ für unterschiedliche LED-Linsen-Systeme und Q-Definitionen. Der Offset dieser Kurven hängt von den Systemdetails und der Gütemaß-Definition ab. Detailliertere Betrachtungen des Zusammenhangs zwischen Fehler und Strahlenanzahl sind nur für die im Einzelfall gewählte Funktion f möglich. Dazu eignet sich das z.B. in [55] beschriebene Rose-Modell.

---

[1] Eine geeignete Modellierung bedeutet hier, dass alle für die Ausbreitung des Lichts relevanten geometrischen Objekte und optischen Effekte berücksichtigt werden und man von einer hohen Übereinstimmung von Simulation und realer Beleuchtungssituation ausgehen kann. Das beinhaltet in der Regel auch eine ausgedehnte Lichtquelle.

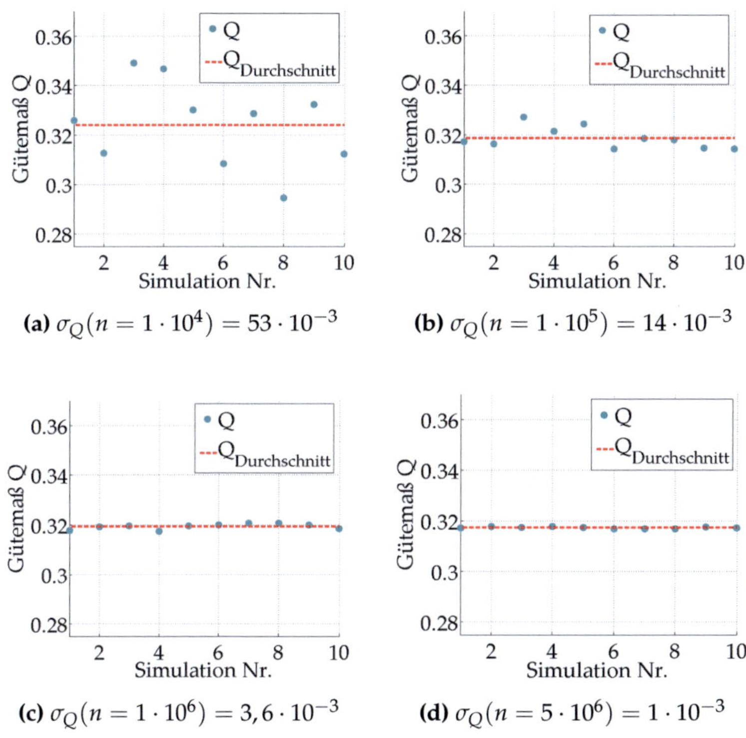

(a) $\sigma_Q(n = 1 \cdot 10^4) = 53 \cdot 10^{-3}$

(b) $\sigma_Q(n = 1 \cdot 10^5) = 14 \cdot 10^{-3}$

(c) $\sigma_Q(n = 1 \cdot 10^6) = 3,6 \cdot 10^{-3}$

(d) $\sigma_Q(n = 5 \cdot 10^6) = 1 \cdot 10^{-3}$

Abbildung 7.1: Analyse der Monte-Carlo bedingten, statistischen Schwankung des Gütemaßes der quadratischen Abweichungen Q_A für eine kollimierende LED-Linse bei jeweils 10 Simulationen des selben Systems für verschiedene Anzahlen von Strahlen n.

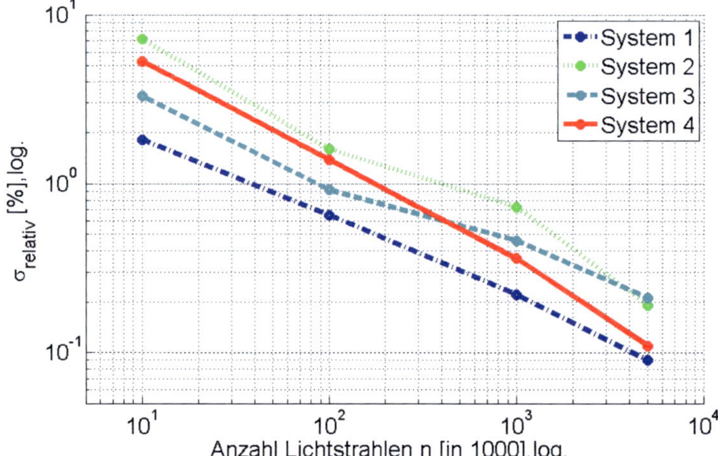

Abbildung 7.2: Darstellung der Abhängigkeit der relativen statistischen Schwankung $\sigma_{relativ}$ des Gütemaßes von der Anzahl der Strahlen n für vier beispielhafte optische Systeme in doppel-logarithmischer Auftragung. Die Steigung m einer linearen Approximation $log(\sigma) = \sigma_{Offset} + m \cdot log(n)$ beträgt etwa $m \approx -0,5$.

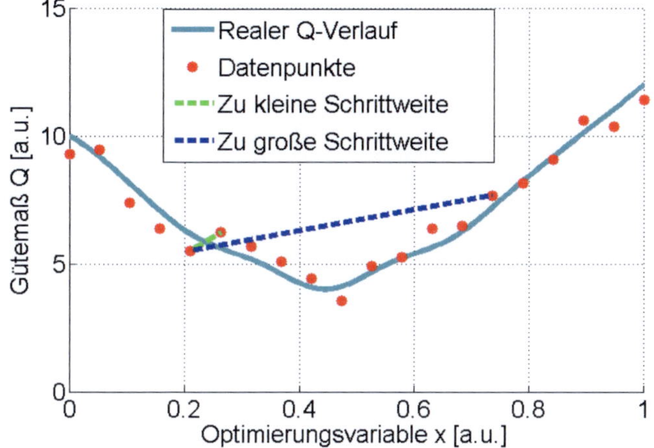

Abbildung 7.3: Schematische Veranschaulichung der Schrittweiten-Problematik bei der Optimierung mit einer statistisch verrauschten Bewertungsfunktion. Sowohl für zu große als auch zu kleine Schrittweiten kann fälschlicherweise ein Ansteigen des Q-Wertes in die positive x-Achsen-Richtung angenommen werden.

Im Sinne der Optimierung ergibt sich die Problemstellung, in einer statistisch verrauschten Q-Landschaft ein Minimum zu suchen. Das erschwert vor allem die Festlegung von Schrittweiten. Für zu große Schrittweiten geht die Information über die lokale Struktur verloren und verhindert eine erfolgreiche und effiziente Suche des Minimums. Dagegen kann bei zu kleinen Schrittweiten die reale Q-Änderung des Systems durch die statistischen Fehler so stark verfälscht werden, dass die Optimierung nicht konvergiert. Eine schematische Veranschaulichung dieser Problematik für eine von nur einem Parameter abhängende Funktion zeigt Abb. 7.3.

Als geeigneter Kompromiss zwischen Rechenaufwand und statistischem Fehler der Simulation für die betrachteten Systeme und Gütemaßbewertungen hat sich eine Strahlenzahl von $n = 10^6$ als sinnvoll herausgestellt. Dieser Strahlenumfang ist für die meisten LEDs als Rayfile vom Hersteller verfügbar und erlaubt damit deren Verwendung als ausgedehntes Lichtquellenmodell für die hier vorgestellten Methoden.

Insgesamt zeigt sich, dass bei geeigneter Berücksichtigung statistischer Effekte und eines angepassten Simulationsmodells der Einsatz der Gütemaßkriterien aus Kapitel 4 im Rahmen der Optimierung von Freiform-Flächen möglich und sinnvoll ist.

Algorithmus: Aus dem umfangreichen mathematischen Sektor der Optimierungstheorie stehen für eine festgelegte Bewertungsfunktion f zahlreiche Algorithmen zur Verfügung, die für verschiedene Anwendungen und Rahmenbedingungen geeignet sind. Im Folgenden werden ausgewählte Verfahren analysiert und in ihren wesentlichen Eigenschaften vorgestellt.

Zunächst können die hier gezeigten Methoden der nichtlinearen Optimierung[50] ohne Nebenbedingungen[2] zugeordnet werden. Grundsätzlich ist es das Ziel aller Algorithmen, bei guten Konvergenzeigenschaften und mit so wenig Rechenaufwand wie möglich von einem dem Initialsystem S_{Start} entsprechenden Startort x_{Start} ausgehend ein Minimum der Bewertungsfunktion zu finden. Für die Optimierung von Freiform-Flächen in der Allgemeinbeleuchtung ist es nicht nötig bzw. sinnvoll, ein globales Minimum (siehe z.B.

---

[2]Die Natur der Bewertungsfunktionen f der nicht-abbildenden Optik verursacht die Nichtlinearität der Optimierung. Nebenbedingungen sind zusätzliche Forderungen an $f(x)$, die in der Regel als Gleichungen oder Ungleichungen z.B. als $g_i(x) \leq 0$ formuliert werden. Auf ihren Einsatz wird hier zugunsten einer einfacheren Umsetzbarkeit verzichtet, sie bieten aber Raum für mögliche Erweiterungen der in dieser Arbeit vorgestellten Methoden.

[81]) von f mit Verfahren wie dem Simulated annealing ("simulierte Abkühlung") zu suchen. Zum einen wären für die entsprechenden Algorithmen dann Informationen über den globalen Verlauf von f notwendig, die mit einer vergleichsweise großen Zahl an Funktionsauswertungen einhergehen. Diese stellen wie bereits oben erläutert im Vergleich zu allen anderen Berechnungen im Zuge der Optimierung den dominierenden Beitrag zum Rechenaufwand dar. Zum anderen ist es in der praktischen Anwendung in einem Optikdesignprozess wünschenswert, dass der optimierte Entwurf in seiner geometrischen Ausdehnung und bezüglich des Strahlenverlaufs nicht zu stark vom Initialdesign abweicht. Damit bleiben das gewählte optische Konzept und die sonstigen Rahmenbedingungen erhalten. Aus den genannten Gründen werden hier Algorithmen eingesetzt, die das nächstgelegene, lokale Minimum der Bewertungsfunktion suchen.

Es gibt zwei verschiedene Konzepte, die eine weitere Klassifizierung der nichtlinearen, lokalen Optimierungsstrategien erlauben: die ableitungsfreien und die ableitungsbasierten Methoden.

Ableitungsfreie Methoden nutzen Algorithmen, die direkte Vergleiche von Funktionswerten an verschiedenen Stellen des Parameterraums vornehmen, um daraus nach einer gewissen Vorschrift einen neuen Schritt x_{i+1} zu bestimmen. Diese Verfahren sind in der Regel heuristischer Natur und können als eher robust und je nach Funktion eher langsam konvergent eingestuft werden. Sie eignen sich besonders für Optimierungsprobleme, bei denen Informationen über f kaum oder nur mit viel Rechenaufwand verfügbar sind, insbesondere bezüglich Stetigkeit und Ableitungen. Daher sind sie für die Bedingungen der Optimierung in der Allgemeinbeleuchtung sinnvoll einsetzbar.

Besonders verbreitet ist dabei der Downhill-Simplex-Algorithmus, auch Nelder-Mead-Algorithmus genannt[82]. Er betrachtet bei einer Optimierung in einem Raum mit n Optimierungsvariablen ein n-

---

Algorithmus 1 Allgemeines Abstiegsverfahren

---

1. Wähle einen Startvektor $\mathbf{x}_{\text{Start}} = \mathbf{x}^0 \in \mathbb{R}^n$, setze $\nu = 0$.

2. Falls $f(\mathbf{x}^\nu) < \epsilon$, brich den Algorithmus mit der Lösung $(\mathbf{x}^\nu, f(\mathbf{x}^\nu))$ ab.

3. Wähle $\mathbf{x}^{\nu+1}$ nach Gln. 7.1 mit $f\left(\mathbf{x}^{\nu+1}\right) < f\left(\mathbf{x}^\nu\right)$.

4. Ersetze ν durch $\nu + 1$ und gehe zurück zu Schritt 2.

---

dimensionales Polytop[3], das durch $n + 1$-Eckpunkte aufgespannt wird. Indem die Funktionswerte an den Eckpunkten dieses Simplex geordnet und verglichen werden, schreibt der Algorithmus durch Kontraktion bzw. Expansion vor, wie die einzelnen Eckpunkte des Simplex iterativ ersetzt werden. Auf diese Weise versucht der Algorithmus anschaulich, den Simplex in Richtung kleiner Funktionswerte zu bewegen und sich im Bereich eines Minimums immer weiter zusammenzuziehen. In dieser Arbeit wurde der Downhill-Simplex-Algorithmus als Repräsentant ableitungsfreier Methoden eingesetzt.

Ableitungsbasierte Methoden gehen dagegen in Form des allgemeinen Abstiegs nach dem in Alg. 1 dargestellten Algorithmus vor. Darin wird die in Gln. 7.1 beschriebene Strategie verwendet, die bei der Iteration ν vom aktuellen Systemzustand mit Variablenvektor $\mathbf{x}^\nu$ und Funktionswert $f(\mathbf{x}^\nu)$ in eine bestimmte Richtung $\mathbf{d}^\nu$ mit der Schrittweite t^ν geht, um dort einen niedrigeren Funktionswert $f\left(\mathbf{x}^{\nu+1}\right) < f\left(\mathbf{x}^\nu\right)$ zu erreichen.

$$\mathbf{x}^{\nu+1} = \mathbf{x}^\nu + t^\nu \mathbf{d}^\nu \tag{7.1}$$

---

[3]Ein Polytop bezeichnet die Verallgemeinerung eines Polygons in n Dimensionen und entspricht beispielsweise in 3 Dimensionen einem Polyeder. Ein Simplex ist die einfachste Version eines Polytop und wird in 3 Dimensionen durch einen Tetraeder dargestellt.

Als Abbruchbedingung wurde hier ein als ausreichende Optimierung betrachteter Grenzwert ϵ eingesetzt. Die Algorithmen unterscheiden sich dann unter anderem dadurch, in welcher Reihenfolge und in welcher Art Schrittweite t^ν und Richtung $\mathbf{d}^\nu$ bestimmt werden. Man verwendet dabei Informationen über die lokale Steigung $\mathrm{D}f(\mathbf{x})$ und Krümmung $\mathrm{D}^2 f(\mathbf{x})$ der Funktion $f : \mathbb{R}^n \to \mathbb{R}$ gemäß Gln. 7.2, um die Richtung $\mathbf{d}^\nu$ für den nächsten Schritt festzulegen.

$$
\begin{aligned}
\mathrm{D}f(\mathbf{x}) &:= \left(\partial_{x_1} f(\mathbf{x}), \partial_{x_2} f(\mathbf{x}), \ldots, \partial_{x_n} f(\mathbf{x})\right) \\
\mathrm{D}^2 f(\mathbf{x}) &:= \begin{bmatrix} \partial x_1 \partial x_1 & \ldots & \partial x_n \partial x_1 \\ \vdots & & \vdots \\ \partial x_1 \partial x_n & \ldots & \partial x_n \partial x_n \end{bmatrix} f(\mathbf{x})
\end{aligned}
\tag{7.2}
$$

Eine der intuitivsten Vorgehensweisen ist es, die Richtung des steilsten Abstiegs zu wählen mit $\mathbf{d}^\nu = -\nabla f(\mathbf{x}^\nu) = -\left[\mathrm{D}f(\mathbf{x}^\nu)\right]^{\mathrm{T}}$. Neben dieser Methode zur Richtungsberechnung wurde in dieser Arbeit außerdem ein weiterer Ansatz umgesetzt, das Verfahren der konjugierten Gradienten. Es entspricht einer Modifikation der Methode des steilsten Abstiegs und unterscheidet sich im Wesentlichen dadurch, dass die neue Richtung $\mathbf{d}^{\nu+1}$ als Linearkombination aus dem aktuellen Gradienten und der vorherigen Suchrichtung berechnet wird. So entstehen zueinander konjugierte[4] Richtungsvektoren. Damit soll der "Zickzack"-Effekt der Methode des steilsten Abstiegs vermieden werden. Für weitere Details wird auf Anhang A.1 verwiesen.

Neben $\mathbf{d}^\nu$ benötigen Abstiegs-Verfahren nach Alg. 1 noch eine geeignete Schrittweite t in diese Richtung. Es gibt für jedes $\mathbf{d}^\nu$ eine ideale Schrittweite, durch die die stärkste Reduzierung des Funktionswertes erreicht wird. Sie ist allerdings insbesondere für die in der Allgemeinbeleuchtung betrachteten Systeme nur mit sehr hohem Rechenaufwand genau zu bestimmen[83]. Für die praktische Anwendung

---

[4]Zwei Vektoren $\mathbf{u}, \mathbf{v} \in \mathbb{R}^n$ sind bezüglich einer positiv definiten Matrix A konjugiert falls gilt $\mathbf{u}^{\mathrm{T}} A \mathbf{v} = 0$.

ist daher ein Ansatz besser geeignet, der eine sinnvolle Schrittweite nach einer bestimmten Regel abschätzt. Hier wird dafür die Armijo-Schrittweitenregel[84, 83] eingesetzt. Im Wesentlichen berechnet diese Regel auf Basis einiger wählbarer Skalierungsparameter, dem Gradienten $\nabla f(x^{\nu})$ und der Abstiegsrichtung d^{ν}, zunächst eine Initialschrittweite t^0. Sie wird dann iterativ so lange verkleinert, bis eine entsprechende Bedingung erfüllt ist. Weitere Details dazu führt Anhang A.2 aus.

Wie aus den Betrachtungen der Bewertungsfunktion im vorigen Abschnitt hervorgeht, können vor allem sehr kleine Änderungen von f durch statistische Fehler entscheidend beeinflusst werden. Dieser Aspekt muss bei den Schrittweiten und Gradientenberechnungen entsprechend berücksichtigt werden. Die Berechnung der Gradienten findet mit einer geeigneten Approximation statt, die auf der Bildung des Differenzenquotienten beruht. Diese Vorgehensweise wird in der in Anhang A.3 dargestellten Version zur Reduzierung der Anzahl der Funktionsauswertungen verwendet.

Optimierungsvariablen x: Wie u.a. das in den Grundlagen in Abschnitt 3.1.4 vorgeführte Beispiel zeigt, ist die in der Regel schwierigste Wahl beim Einsatz von Optimierung in der nicht-abbildenden Optik die Festlegung der geometrischen Optimierungsvariablen x. Das trifft in besonderem Maße auf Freiform-Flächen zu. Den primären Rechenaufwand verursacht die Anzahl der nötigen Simulationen und damit der Funktionsauswertungen. Letztere erhöhen sich mit der Zahl der Optimierungsparameter entscheidend. Für einen praktikablen Einsatz muss daher zum einen die Anzahl der Optimierungsparameter niedrig genug sein. Zum anderen muss sich die Art ihrer Modifikation der Flächen für Freiform-Optiken eignen. Beide Aspekte werden im Folgenden erläutert.

In einem Vergleich mit der Literatur sieht man, dass beispielsweise von Cassarly in [58] zur Optimierung einer rotationssymmetrischen

LED-Kollimator-Linse 7 Parameter einer als Asphäre gemäß Gln. 2.7 der Grundlagen beschriebenen Querschnittskurve eingesetzt werden. Dadurch ergeben sich gegenüber einer Freiform-Kurve allerdings nur beschränkte Freiheitsgrade für die erzielbare Verbesserung. In [60] dagegen wird von Jacobson eine Spline-basierte Freiform-Darstellung der Querschnittskurve einer rotationssymmetrischen LED-Primär-Linse mit insgesamt 23 Optimierungsparametern verwendet, die nach 523 Iterationen zum Abschluss der Optimierung führte.

Im Rahmen dieser Arbeit sollen zur Beschreibung von Freiform-Flächen zur universellen Verwendbarkeit in CAD Programmen und für hohe Flexibilität ausschließlich NURBS verwendet werden. Um ein Optimum zwischen Flexibilität und Komplexität bezüglich der Anzahl der Parameter zu deren Beschreibung zu finden, werden zunächst die als Initialentwürfe der Optimierung verwendeten Kurven und Flächen genauer betrachtet. Als sehr allgemeinen Ansatz kann man dazu Punktwolken verwenden. In diese Form können sowohl Initialentwürfe, bestehend aus einfachen analytischen Formen wie (a)-sphärischen oder elliptischen Kurven und Flächen gebracht werden, als auch durch Tailoring berechnete Freiform-Kurven. Letztere liegen intrinsisch als Punkte vor, da sie auf numerischen Lösungen von Differentialgleichungen beruhen.

Für diese Punkte wurde ein automatisiertes Verfahren entwickelt, das eine entsprechende B-Spline-Kurve basierend auf der Methode der kleinsten Quadrate approximiert. Zu einer solchen Kurve kann ein Fehler der Approximation zugeordnet werden. Unter Vorgabe eines maximal erlaubten Fehlers ϵ konnte damit letztlich eine Methode umgesetzt werden, die für eine gegebene Punktewolke in automatisierter Form eine B-Spline-Kurve mit der minimalen Anzahl an Kontrollpunkten $\mathbf{b}_i \in \mathbb{R}^2$ zur Einhaltung der Fehlerschranke erzeugt. Diese Kurve reduziert bei Einhaltung ausreichender Genauigkeit des Initialentwurfs die nötige Anzahl der Parameter der Freiform-Kurve,

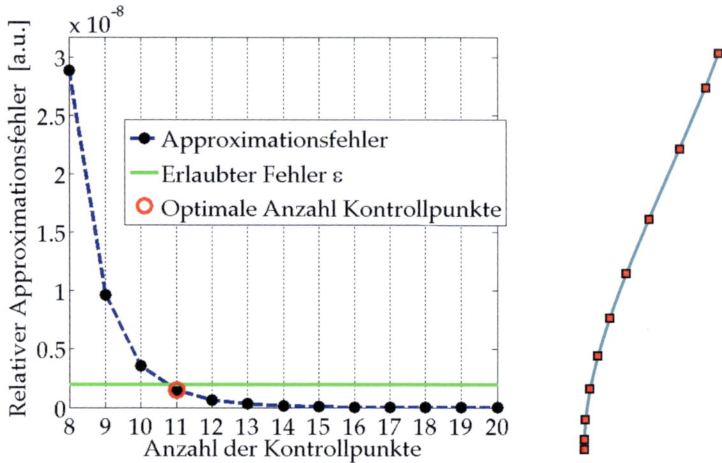

Abbildung 7.4: Beispielhafte Darstellung des Fehlers bei der Approximation einer 2D-Punktwolke durch eine B-Spline Kurve in Abhängigkeit von der Anzahl der Kontrollpunkte (links). Die rechte Seite zeigt die Kurve und ihre für einen maximalen Fehler ϵ nötigen 11 Kontrollpunkte.

die im Wesentlichen von den Kontrollpunkten definiert wird, auf ein Minimum. Als sinnvolle Schranken stellten sich mindestens 8 und höchstens 20 Kontrollpunkte heraus. Die meisten Kurven konnten durch 10-12 Kontrollpunkte beschrieben werden.

Hinsichtlich des Zeitaufwands der Funktionsauswertungen bei der Optimierung wurde damit bereits ein deutlicher Fortschritt erzielt, da sich die Dauer einer Simulation von Freiform-Flächen mit deren Kontrollpunktanzahl erhöht. Abb. 7.4 zeigt den Zusammenhang zwischen der Anzahl der Kontrollpunkte und dem zugehörigen Fehler der Spline-Approximation beispielhaft für die Freiform-Querschnittskurve einer Linse.

Um nun aus diesen angepassten Initialkurven mit den Kontrollpunkten $\mathbf{b}_i$ einen Rotationskörper in NURBS-Darstellung nach Gln. 2.13 der Grundlagen zu erzeugen, kann eine spezielle Wahl für den Knotenvektor $\mathbf{x}_K$, die Kontrollpunktmatrix $\mathbf{b}_{i,j}$ und die Gewichte $h_{i,j}$ verwendet werden. Dazu wird in Gln. 2.13 $n+1 := 9$ gesetzt und es gelten die Gln. 7.3, 7.4 und 7.5.

$$\mathbf{x}_K \quad := \quad \frac{1}{4} \cdot [0\ 0\ 0\ 1\ 1\ 2\ 2\ 3\ 3\ 4\ 4\ 4] \tag{7.3}$$

$$\mathbf{b}_{i,j} \quad := \quad \begin{bmatrix} \sin\left(\frac{i-1}{8}2\pi\right) & 0 & 0 \\ 0 & \cos\left(\frac{i-1}{8}2\pi\right) & 0 \\ 0 & 0 & 1 \end{bmatrix} \cdot \begin{bmatrix} b_{j,x} \\ b_{j,y} \\ b_{j,z} \end{bmatrix} \tag{7.4}$$

$$h_{i,j} \quad := \quad \begin{cases} 1 & \forall i \in \{1,3,5,7,9\} \\ \frac{\sqrt{2}}{2} & \forall i \in \{2,4,6,8\} \end{cases} \tag{7.5}$$

Die so erzeugten Flächen können sowohl für rotationssymmetrische als auch abhängig von der Zielverteilung für viele nichtrotationssymmetrische Systeme als zu optimierende Initialentwürfe eingesetzt werden. In letzterem Fall ist die Anzahl der Freiheitsgrade zur Flächendefinition bestimmt über die Multiplikation der Anzahl der Kontrollpunkte $(8 - 20)$ mit der Anzahl ihrer Koordinaten und Gewichte $(3 + 1 = 4)$ und der Rotationsfreiheitsgrade (9). Damit liegen zwischen 288 und 720 geometrische Parameter zur Flächendarstellung vor.

Ein möglicher Ansatz ist es nun, eine Auswahl dieser Parameter direkt als Optimierungsvariablen zu verwenden. Dieser Weg entspricht dem Stand der Technik und wurde für ein rotationssymmetrisches System in [60] gegangen. Allerdings führt dies bei nichtrotationssymmetrischen Systemen zu einem deutlich zu hohen Rechenaufwand. Eine stark reduzierte Auswahl aus den zur Verfügung stehenden Parametern ist im Allgemeinen weder einfach möglich noch erfolgversprechend.

Außerdem macht der durch die mathematische Formulierung der NURBS bedingte, lokale Einfluss der Kontrollpunktkoordinaten und Gewichte diese zu eher ungeeigneten Optimierungsparametern für die meisten Optiken in Allgemeinbeleuchtungssystemen. Das zeigt auch das Ergebnis der Spline-Kurven-Optimierung aus [60]. Die resultierenden Kurven haben lokale "Dellen", die u.a. aus Sicht der Herstellung ungewünscht sind.

Eine Illustration dessen zeigt Abb. 7.5. Wie dort zu sehen ist, hat ein einzelner Parameter für die beispielhaft gezeigte B-Spline-Kurve nur in einem sehr kleinen Bereich der Fläche oder Kurve einen Einfluss. Für NURBS-Flächen zeigt sich ein analoges Verhalten.

Es existiert bei NURBS also zusammenfassend das Problem, dass zu deren Modifikation eine große Zahl schwer fassbarer Parameter existieren, die jeweils nur zu sehr lokalen Veränderungen der Fläche in der Lage sind. Zur Manipulation von typischen Linsen oder Reflektoren ist aus Sicht des Optikdesigns oftmals eine eher globale, "glattere" Veränderung sinnvoll.

Eine Möglichkeit, dies für geometrische Objekte wie Freiform-Flächen zu erreichen, ist die im nächsten Abschnitt vorgestellte Freiform-Deformation (FFD). Sie ist außerdem unabhängig von deren konkreten geometrischen Darstellung und reduziert die Anzahl der nötigen Parameter stark. Damit wird es für typische rotationssymmetrische bzw. nicht-rotationssymmetrische Systeme möglich, mit $2-8$ bzw. $12-24$ vergleichsweise einfach und intuitiv wählbaren Optimierungsparametern Freiform-Flächen für die Allgemeinbeleuchtung zu optimieren.

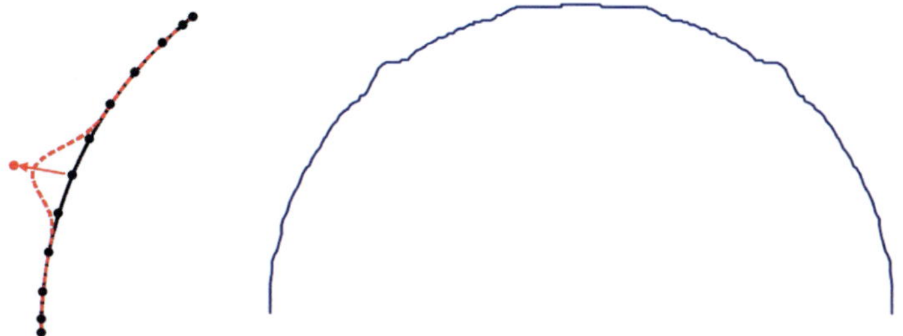

Abbildung 7.5: Darstellungen des lokalen Einflusses einzelner
Parameter bei B-Spline-Kurven: Links ist die Veränderung der
schwarzen Kurve zur roten durch die Verschiebung eines Kon-
trollpunktes (Pfeil) zu sehen, während rechts das Ergebnis der
Optimierung einer LED-Linse auf Einzelparameterbasis aus
[60] gezeigt wird.

7.1.2 FREIFORM-DEFORMATION (FFD)

Die FFD ist ein mathematisches Verfahren, das auf der Theorie der
Beschreibung geometrischer Objekte durch Splines basiert und von
Sederberg *et.al.* [85] entwickelt wurde. Die grundsätzliche Idee besteht darin, das zu verändernde Objekt nicht direkt zu manipulieren,
sondern einen speziellen Raum, der es umgibt. Durch dessen Verzerrung wird das Objekt indirekt deformiert. So kann beispielsweise im
2-dimensionalen Fall der FFD eine Kurve in eine durch Splines mit
einem festgelegten Kontrollpunktegitter beschriebenen Fläche eingebettet werden. Anschließend wird eine als *vP (veränderliche Punkte)*
bezeichnete Auswahl dieser Kontrollpunkte verschoben, was eine
entsprechende Verzerrung der Fläche bewirkt. Da die Kurve gewissermaßen auf der Fläche "lebt", wird sie dadurch ebenfalls deformiert.
Eine Darstellung für die FFD eines Kreises aus [86] zeigt Abb. 7.6. Für

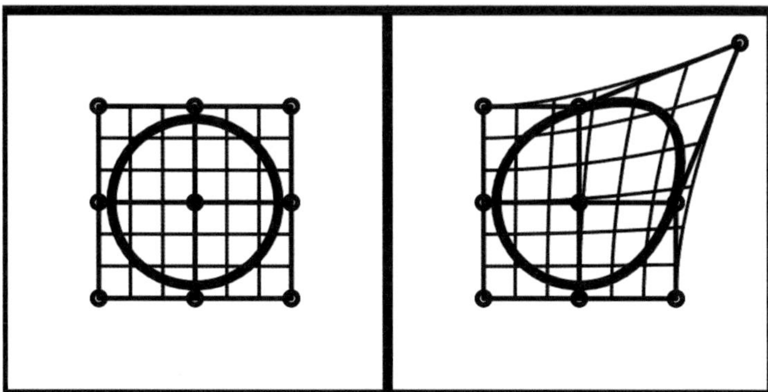

Abbildung 7.6: Schematische Darstellung der FFD eines Kreises aus [86].

den 3-dimensionalen Fall wird dieses Vorgehen anschaulich nach einer
freien Übersetzung aus [85] folgendermaßen formuliert:

Eine gute physikalische Analogie der FFD ist es, sich einen Quader aus
transparentem, biegsamem Kunststoff vorzustellen, in den eines oder mehrere
Objekte eingebettet sind, die deformiert werden sollen. Die Objekte muss man
sich dabei als ebenso flexibel vorstellen, sodass sie sich mit dem Kunststoff
deformieren lassen.

Die mathematische Vorgehensweise wird im Folgenden für den 2-
dimensionalen Fall zusammengefasst, die 3-dimensionale Erweiterung
verläuft im Wesentlichen analog.

Im ersten Schritt wird das zu deformierende Objekt durch ein als
FFD-Block bezeichnetes Gebiet $D \in \mathbb{R}^2$ umschlossen. In der Regel hat
D eine rechteckige Gestalt und wird so gewählt, dass es gerade die
äußersten Punkte des Objekts noch erfasst. Diese können für den Fall
der für die weitere Anwendung relevanten B-Spline-Kurven aus deren
konvexen Hülle[5] bestimmt werden.

---

[5]Die konvexe Hülle einer Punktmenge S ist die kleinste konvexe Menge, die neben
S auch alle möglichen Verbindungen zwischen allen Punkten aus S enthält. Für eine

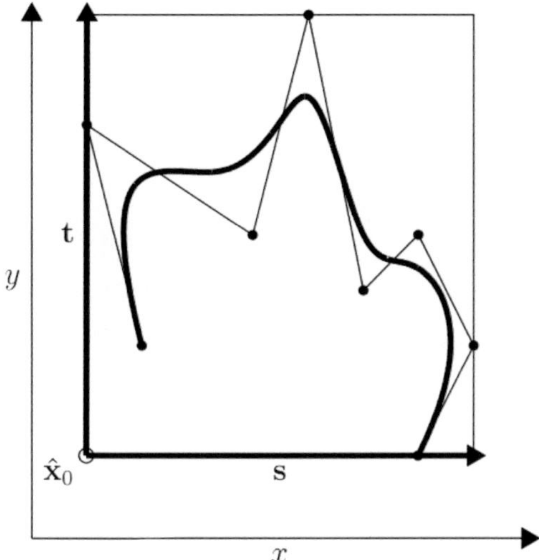

Abbildung 7.7: Darstellung der Transformation einer B-Spline-Kurve in den FFD-Block. Die schwarzen Punkte entsprechen den Kontrollpunkten der Kurve.

Wenn $\hat{\mathbf{x}}_0$ das untere, linke Eck des Rechtecks bezeichnet und die Vektoren $\mathbf{s}$ bzw. $\mathbf{t}$ die Richtung und Länge seiner Kanten, dann kann jedem Punkt $\mathbf{p}$ des Objekts ein Vektor $\mathbf{\Psi}(\mathbf{x}) := \hat{\mathbf{x}} = (\chi, \zeta)^{\mathrm{T}}$ mit $\chi, \zeta \in [0, 1]$ nach Gln. 7.6 zugeordnet werden.

$$\mathbf{p}(\chi, \zeta) = \hat{\mathbf{x}}_0 + \chi \mathbf{s} + \zeta \mathbf{t} \tag{7.6}$$

Eine Veranschaulichung dieser Transformation des Objekts in den FFD-Block zeigt Abb. 7.7 beispielhaft für eine B-Spline-Kurve.

Wie hier bereits deutlich wird, ist der FFD-Formalismus unabhängig von der konkreten Darstellung des geometrischen Objekts, die sowohl

---

B-Spline Kurve der Ordnung k und des Grades $k - 1$ wird diese Hülle durch die Vereinigung aller konvexen Hüllen von jeweils k aufeinanderfolgenden Kontrollpunkten erzeugt.

parametrisch als auch explizit sein kann. Insbesondere im Hinblick auf ihre Anwendung für Freiform-Optiken in NURBS Gestalt ist sie auch unabhängig von der Anzahl der Kontrollpunkte des Objekts.

Der nächste Schritt definiert ein geordnetes Gitter aus $(L+1) \cdot (M+1)$ Kontrollpunkten $\mathbf{p}_{l,m}$ innerhalb des FFD-Blocks. Es wird hier äquidistant gewählt, für die spätere Anwendung typischerweise mit $(L+1) = (M+1) = 3$. Damit lassen sich die $\mathbf{p}_{l,m}$ mit $l \in (0,1,\ldots L)$ und $m \in (0,1,\ldots M)$ gemäß Gln. 7.7 ausdrücken.

$$\mathbf{p}_{l,m} = \hat{\mathbf{x}}_0 + \frac{l}{L}\mathbf{s} + \frac{m}{M}\mathbf{t} \tag{7.7}$$

Die Abbildung der Koordinaten des Objekts in den FFD Block kann dann wie in Gln. 7.8 formuliert werden.

$$\hat{\mathbf{x}} = \begin{bmatrix} \chi \\ \zeta \end{bmatrix} = \left(\begin{bmatrix} x \\ y \end{bmatrix} - \hat{\mathbf{x}}_0 \right) \begin{pmatrix} \frac{1}{\|s\|} & 0 \\ 0 & \frac{1}{\|t\|} \end{pmatrix} \tag{7.8}$$

Danach wird eine Modifikation des FFD-Blocks, also des Raumes, der das Objekt umschließt, durchgeführt. Das geschieht durch eine Verschiebung der als vP bezeichneten ausgewählten Kontrollpunkte des Gitters $\mathbf{p}_{l,m}$ um die Werte $\mu_{l,m}$ nach Gln. 7.9.

$$\tilde{\mathbf{p}}_{l,m}\left(\mu_{l,m}\right) = \mathbf{p}_{l,m} + \mu_{l,m} \tag{7.9}$$

Insgesamt stehen dabei $2(L+1)(M+1)$ Möglichkeiten zur Verfügung, also für den oben genannten typischen Fall 18 Freiheitsgrade. In der Regel genügt eine kleine Auswahl dieser Parameter für eine sinnvolle Deformation. Diese Parameter stellen die Verbindung zur Optimierung dar.

Interpretiert man nun die $\mathbf{p}_{l,m}$ bzw. die $\tilde{\mathbf{p}}_{l,m}$ als Kontrollpunkte einer nicht-rationalen B-Spline-Fläche, dann kann die Abbildung $\hat{\mathbf{T}}(\hat{\mathbf{x}})$ laut Gln. 7.10 definiert werden. Sie berechnet aus den Koordinaten des Objektes $[\chi, \zeta]$ die neuen Koordinaten $[\tilde{\chi}, \tilde{\zeta}]$, die aus der Verschiebung und damit einhergehenden Verformung dieser Fläche gemäß Gln. 7.9 entstehen. Darin entsprechen die $N_i^k(u)$ den in den Grundlagen vorgestellten B-Spline-Basisfunktionen.

$$\hat{\mathbf{T}}(\hat{\mathbf{x}}) = \begin{pmatrix} \tilde{\chi} \\ \tilde{\zeta} \end{pmatrix} = \sum_{l=0}^{L} \sum_{m=0}^{M} \tilde{\mathbf{p}}_{l,m} N_l^L(\chi) N_m^M(\zeta) \tag{7.10}$$

Abgeschlossen wird die FFD nun durch eine Rücktransformation dieser Koordinaten mittels $\boldsymbol{\Psi}^{-1}$, also der Invertierung von Gln. 7.8, zurück in den ursprünglichen Raum. Damit werden letztlich alle Punkte des Objekts in einer Art und Weise verändert, die der vergleichsweise intuitiven Verzerrung der zunächst rechteckigen Fläche durch die Kontrollpunkteverschiebung entspricht. Eine schematische Darstellung der verschiedenen Schritte der FFD für die Deformation der B-Spline-Kurve aus Abb. 7.7 für eine Verschiebung von zwei Kontrollpunkten zeigt Abb. 7.8. Die 2-dimensionale FFD findet für die Entwurfsoptimierung von Freiform-Querschnittskurven rotationssymmetrischer optischer Systeme Anwendung.

Der FFD-Formalismus kann direkt auf den 3-dimensionalen Fall erweitert werden. Im Wesentlichen müssen die Gleichungen um einen weiteren Freiheitsgrad ergänzt werden, sodass das zu deformierende Objekt zu einer Fläche und der FFD-Block zu einem Volumen mit einem entsprechenden Kontrollpunktegitter in 3 Dimensionen wird. Eine Visualisierung des 3D-FFD-Kontrollpunktegitters für das rotationssymmetrische Initialdesign einer Linse zeigt Abb. 7.9. Die Verzerrung des FFD-Blocks durch Verschiebung ausgewählter Kontrollpunkte als Analogon zu Gln. 7.10 beschreibt Gln. 7.11.

$$\hat{\mathbf{T}}_{3D}(\hat{\mathbf{x}}) = \begin{pmatrix} \tilde{\chi} \\ \tilde{\zeta} \\ \tilde{\tau} \end{pmatrix} = \sum_{l=0}^{L} \sum_{m=0}^{M} \sum_{k=0}^{K} \tilde{\mathbf{p}}_{l,m,k} \left(\boldsymbol{\mu}_{l,m,k} \right) N_l^L(\chi) N_m^M(\zeta) N_k^K(\tau)$$

$$\tag{7.11}$$

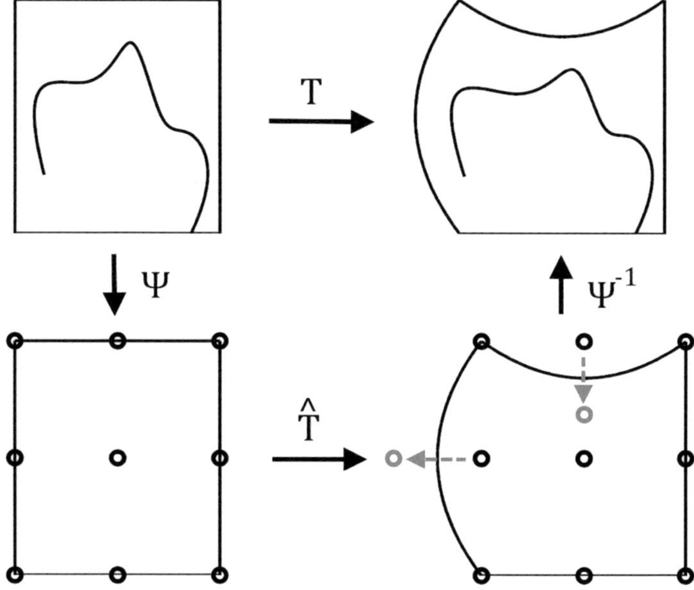

Abbildung 7.8: Diagramm einer 2D-FFD T eines B-Splines. Die Kurve (links oben) wird über $\mathbf{\Psi}$ zunächst in den FFD-Block mit dem Kontrollpunktegitter $\mathbf{p}_{l,m}$ abgebildet (links unten). Die Verschiebung $\hat{\mathbf{T}}$ definiert über die $\tilde{\mathbf{p}}_{l,m}$ die Deformation des FFD-Blocks. Wie die gestrichelten grauen Pfeile andeuten, wurden in diesem Fall zwei der Punkte in jeweils einer ihrer Koordinaten verschoben (rechts unten). Nach der Rücktransformation $\mathbf{\Psi}^{-1}$ liegt dann die deformierte Kurve vor (rechts oben).

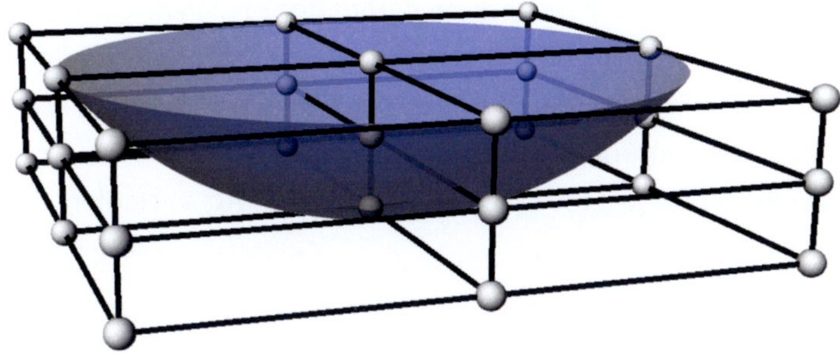

Abbildung 7.9: Rotationssymmetrische Initialfläche einer Linse als Basis für eine 3D-FFD mit einem 3x3x3 Kontrollpunktegitter.

Insgesamt bietet die FFD die Möglichkeit, geometrische Objekte auf eine eher globale Art und Weise zu modifizieren. Da die bei der Anwendung wählbaren Parameter zur Deformation innerhalb eines eigens definierten Raumes existieren, ist die FFD unabhängig von vielen Eigenschaften des Objektes. Das stellt einen maßgeblichen Vorteil gegenüber anderen Herangehensweisen für geometrische Manipulationen dar. Des Weiteren ist das Verschieben einzelner Punkte eines Gitters zum Strecken und Stauchen eines Objekts vergleichsweise intuitiv und zudem mit einer überschaubar geringen Anzahl an Parametern möglich.

Die FFD wird in der Literatur bereits an sehr unterschiedlichen Stellen genutzt. So verwendet man sie beispielsweise in der Computergrafik, um die Formveränderung animierter Objekte zu erzeugen[87]. Weitere Anwendungsbereiche finden sich in der Biologie. So kann die Deformation von Muskeln während einer Bewegung mit der FFD beschrieben werden[88] oder eine optimierte Formgebung von Venen bzw. Arterien bei einer Bypass-Operation[89].

In dieser Arbeit werden die Eigenschaften der FFD genutzt, um Initialentwürfe von Freiform-Kurven und -Flächen bei nicht-abbildenden Optiken zu optimieren. Wie der folgende Abschnitt genauer erläutert, sind dabei die Parameter zur Verschiebung ausgewählter Kontrollpunktkoordinaten $\mathbf{p}_{l,m,k} \to \tilde{\mathbf{p}}_{l,m,k}$ die Optimierungsvariablen.

7.1.3 SYNTHESE ZUR OFFD

Dieser Abschnitt stellt die OFFD als Synthese aus den Ergebnissen der Analyse der Bestandteile der Optimierung von Freiform-Flächen in einem geschlossenen Algorithmus vor. Eine Beschreibung der zugehörigen Implementierung folgt am Ende dieses Abschnitts.

SYNTHESE-ALGORITHMUS

Als zentrales Element der OFFD kann das in Abb. 7.10 dargestellte Ablaufdiagramm betrachtet werden. Es zeigt einen Optimierungskreislauf bestehend aus vier Modulen (grüne Kreise). Deren Zweck und Parameterübergabe wird im Folgenden genauer erläutert. Die wichtigsten, dem Anwender beim jeweiligen Modul zur Verfügung stehenden Optionen werden in den blauen Kästen genannt. Der Algorithmus wird durch bestimmte Startvorgaben initiiert, zu denen insbesondere die Vorgabe eines Initialentwurfs der zu optimierenden Fläche gehört. Diese entspricht der undeformierten Fläche und in diesem Sinne dem Startort $\mathbf{x}_0$ im Raum der Bewertungsfunktion. Durch die Übergabe dieser Initialparameter an das FFD-Modul wird der Kreislauf gestartet. Beendet wird die OFFD, sobald eine der wählbaren Abbruchbedingungen erfüllt ist. Das Ergebnis liegt dann in Form des deformierten Initialentwurfs als CAD-Datei der Freiform-Fläche vor.

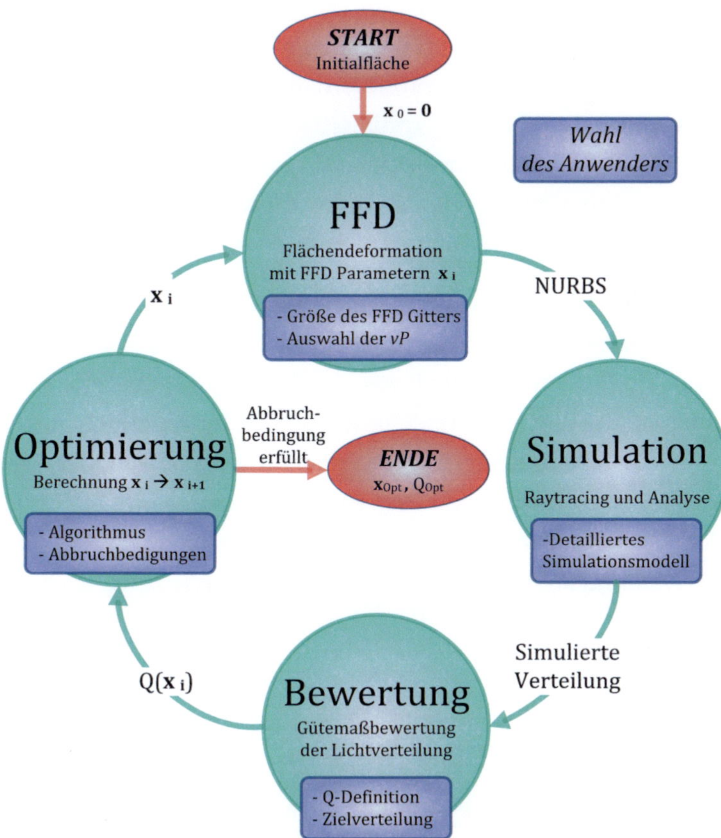

Abbildung 7.10: Ablaufdiagramm des Synthese-Algorithmus der OFFD. Die vier grünen Kreise beschreiben die Module und ihren Zweck, die blauen Boxen zeigen die zugehörigen, vom Anwender festzulegenden Größen. Die Pfeile sind mit den jeweiligen Übergabeparametern beschriftet. Start und Ende des Synthese-Algorithmus stellen die roten Ellipsen dar.

FFD-Modul

Das FFD-Modul stellt die Umsetzung der Flächenmanipulation dar. Seine Eingabe ist ein Variablenvektor x, dessen Einträge die durchzuführende FFD des Initialentwurfs in Form von Zahlenwerten der Verschiebungen μ der vP enthält. Die Größe des FFD-Kontrollpunktegitters sowie die Auswahl der vP aus diesen Gitterpunkten können vom Anwender festgelegt werden.

Für eine 3D-FFD, bei der k Punkte als vP definiert wurden, hat der Variablenvektor x dann entsprechend $3 \cdot k$ Einträge. Bei der Wahl der vP besteht außerdem die Möglichkeit, eine Spiegelsymmetrie an einer der Ebenen, die den FFD-Block mittig schneiden, anzugeben. Damit kann für Zielverteilungen gleicher Symmetrie die Anzahl der effektiv verwendeten Freiheitsgrade und die Optimierungsdauer reduziert werden. Die deformierte Fläche wird abschließend im NURBS-Format gespeichert und steht für eine Simulation zur Verfügung.

Simulationsmodul

Das Simulationsmodul beinhaltet eine kommerzielle Raytracing-Software. Sie hat die Aufgabe festzustellen, welche Licht- oder Beleuchtungsstärkeverteilung die im aktuellen Optimierungskreislauf vorliegende Fläche erzeugt. Dementsprechend ist es notwendig, dass der Anwender ein detailliertes Simulationsmodell zur Verfügung stellt. Dieses Simulationsmodell sollte nach den in den vorigen Abschnitten diskutierten statistischen Überlegungen gestaltet sein. Ansonsten kann die Simulation alle für die Anwendung relevanten Aspekte wie z.B. die Lichtquellenausdehnung durch ein Rayfile berücksichtigen. Um die Simulationsdauer in einem sinnvollen Bereich zu halten, sollte dabei insgesamt die Detailtreue und damit Komplexität der Modellierung entsprechend angepasst sein.

Die Simulationsumgebung ist im Sinne des iterativen Einsatzes im Optimierungskreislauf unveränderlich, lediglich die zu optimierende Fläche wird in jedem Durchgang neu importiert und ersetzt die vorherige. Als Ausgabe des Moduls steht eine Datenmatrix zur Verfügung, die eine Licht- oder Beleuchtungsstärkeverteilung in einer gewissen Detektorauflösung enthält und der aktuellen Flächendeformation zugeordnet werden kann.

BEWERTUNGSMODUL

Das Bewertungsmodul verarbeitet die Simulationsergebnisse und ordnet ihnen einen Zahlenwert $Q(\mathbf{x})$ zu. Dabei kommen die Methoden zur Bewertung von Lichtverteilungen aus Kapitel 4 zu Einsatz. Der Anwender muss demnach aus den zur Verfügung stehenden Möglichkeiten eine Definition des Gütemaßes festlegen. Dazu gehört auch die Festlegung einer gewünschten Zielverteilung bzw. deren Merkmale. Für den rotationssymmetrischen Fall findet eine Mittelung der Daten um die optische Achse statt. Je nach gewählter Methode beinhaltet das Bewertungsmodul außerdem Normierungs- und Approximationsverfahren, um die Bewertung für alle Fälle zu ermöglichen. Ausgabe des Moduls ist dann ein Funktionswert $Q = f(\mathbf{x})$, der im Sinne der Optimierung dem aktuellen Ort im Parameterraum der $\mathbf{x}$ entspricht.

OPTIMIERUNGSMODUL

Das Optimierungsmodul kontrolliert den iterativen Verlauf der Deformationen des Initialentwurfs. Nach vorheriger Abarbeitung der drei anderen Module liegt dem Optimierungsalgorithmus hier im Sinne der in Abschnitt 7.1.1 vorgestellten Analyse die Information $f(\mathbf{x}_i)$ vor. Damit kann ein neuer Ort $\mathbf{x}_{i+1}$ im Raum der Optimierungsvariablen berechnet werden. Den dabei zum Einsatz kommenden Algorithmus kann der Benutzer wählen. Im Rahmen dieser Arbeit stehen dabei die ableitungsfreie Downhill-Simplex-Methode und die ableitungs-basierten Methoden des steilsten Abstiegs und der konjugierten Gradienten zur Verfügung. Bei den letzteren kann der Zweck des $\mathbf{x}_{i+1}$ statt einem Optimierungsschritt in Richtung des Minimums auch ein Zwischenschritt sein, der für die Berechnung des Gradienten oder der Armijo-Schrittweiten notwendig ist.

Der Anwender muss für das Optimierungsmodul auch eine Abbruchbedingung vorgeben. Als geeignete Bedingungen haben sich eine minimale prozentuale Verringerung des Gütemaßes $Q_{\mathrm{Min},\%}$, eine maximale Anzahl an Simulationen N_{Max} und verschiedene Kriterien, die mit Problemen bei der Armijo-Schrittweiten-Berechnung oder anderen Zwischenschritten zusammenhängen, herausgestellt.

IMPLEMENTIERUNG

Die OFFD wurde als automatisiertes Software-Paket zur Optimierung von Freiform-Optiken in der Allgemeinbeleuchtung implementiert. Das kommerzielle Raytracing-Programm FRED [13] kommt darin als Teil des Simulationsmoduls zum Einsatz. Zur Umsetzung des Downhill-Simplex-Algorithmus wird eine modifizierte Version einer bereits in Matlab zur Verfügung stehenden Routine verwendet. Alle anderen Module sowie weitere Analyse- und Datenverarbeitungsdienste wurden als eigene Implementierungen mit Matlab[90] realisiert.

Als Konzept zur Interaktion zwischen FRED und Matlab wurden zwei zeitgesteuerte Schleifen entwickelt, die sich nach der Initiierung des

Prozesses bis zur Erfüllung einer der Abbruchbedingungen gegenseitig regulieren. Eine der Schleifen startet als Teil des Optimierungsmoduls in Matlab, nachdem der neue Variablenvektor x_{i+1} bestimmt und als Zwischenschritt gespeichert wurde. Die Schleife überprüft in festgelegten Zeitintervallen, ob die FFD, die Simulation und die Bewertung durchgeführt wurden und damit der entsprechende Wert für $Q(x_{i+1})$ vorliegt. Sobald das der Fall ist, wird die Warteschleife abgebrochen und der Optimierungsalgorithmus fährt mit der nächsten Iteration fort.

Die andere Schleife wurde in einem Script innerhalb von FRED implementiert. Sie überprüft nach einer Initialisierung ebenfalls in festen Zeitintervallen, ob neue Deformationsparameter x_{i+1} existieren. Wenn eine entsprechende Datei gefunden wird, wird die Warteschleife abgebrochen, die diesen Werten entsprechende, deformierte Fläche berechnet und als NURBS-Fläche in der Simulationsumgebung erzeugt. Anschließend folgen eine Simulation und die Gütemaßbewertung, bevor der resultierende Q-Wert abgespeichert wird. Dann geht das Script wieder in die Schleife über und wartet gewissermaßen auf einen neuen Simulationsauftrag durch den Optimierungsalgorithmus. Um die in Matlab implementierten Module für FFD und Bewertung nutzen zu können, ruft das FRED-Script an den entsprechenden Stellen eine zweite, als Server fungierende Matlab-Instanz auf.

Zur flexibleren und einfacheren Handhabung in der Praxis findet der größte Teil der Interaktion mit dem Benutzer über graphische Bedieneroberflächen statt. So können u.a. die meisten Rahmenbedingungen wie die Initialfläche, die Bewertungsmethode, die vP, der Optimierungsalgorithmus und die Schrittweiten einfach und intuitiv ausgewählt werden. Für eine erfolgreiche Durchführung der OFFD liegt schließlich eine Reihe von Daten vor, die das Verfahren vollständig dokumentieren, analysieren und reproduzierbar machen. Zusätzlich werden die wesentlichen, zu jeder einzelnen Simulation gehörigen Angaben wie Variablen-Vektor **x**, Q-Wert etc. gespeichert, um den Verlauf der Optimierung weiter analysieren zu können.

7.2 ANWENDUNG

In diesem Abschnitt wird der praktische Einsatz der OFFD für rotationssymmetrische (2D-) und nicht-rotationssymmetrische (3D-) Systeme anhand einiger Beispiele demonstriert. Bedenkt man die Zahl der möglichen Anwendungen für unterschiedliche Kombinationen aus optischem Konzept, Licht- oder Beleuchtungsstärken, Optimierungsalgorithmen, Bewertungsfunktionen, Initialentwürfen, Optimierungsvariablen vP und sonstigen Parametern und Rahmenbedingungen, dann sprengt eine vollständige Untersuchung den Rahmen dieser Arbeit. Als das für viele LED-Systeme in der Allgemeinbeleuchtung am besten geeignete optische Konzept werden daher nur Freiform-Linsen im Nahfeld von LEDs untersucht. Um den Optimierungsprozess als Ganzes darzustellen werden ausgewählte 2D- und 3D-Systeme im Detail vorgestellt. Außerdem findet eine Analyse statt, bei der alle Rahmenbedingungen soweit möglich konstant gehalten werden und nur ein spezieller Aspekt wie z.B. der Optimierungsalgorithmus verändert wird. Dadurch kann der Einfluss einzelner Parameter und Verfahren eingeschätzt werden, um Richtlinien bei der praktischen Anwendung der OFFD zu erstellen.

7.2.1 ROTATIONSSYMMETRISCHE SYSTEME

Die im Folgenden dargestellten rotationssymmetrischen Systeme behandeln bündelnde Linsen im Nahfeld einer als kreisförmige, Lambertsch strahlenden Fläch modellierten LED. Die PMMA-Linse mit

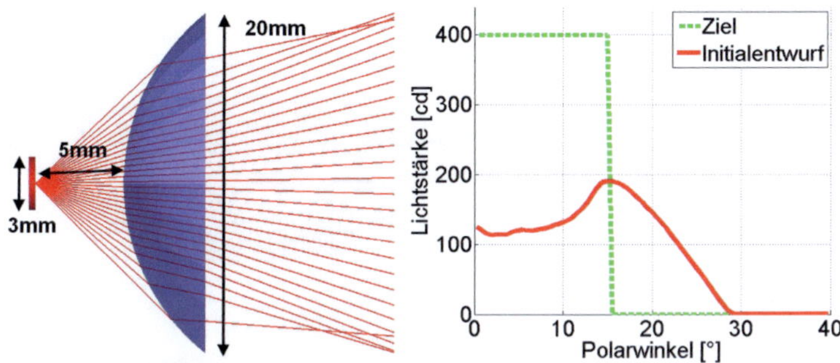

Abbildung 7.11: Darstellung des sphärischen Initialentwurfs der 2D-FFD Optimierung einer Linse für eine Lambertsche Quelle mit 3 mm Durchmesser. Neben einem Strahlenfächer (links) wird die dadurch erzielte Lichtstärkeverteilung im Vergleich zum angestrebten Ziel (rechts) gezeigt.

etwa 20 mm Durchmesser soll dabei eine ebene Lichtaustrittsfläche und eine zu optimierende Lichteintrittsfläche in 5 mm Entfernung vor der 3 mm durchmessenden LED haben. Als einer der einfachsten denkbaren Initialentwürfe wird hier zunächst eine sphärische Fläche eingesetzt. Die linke Seite von Abb. 7.11 zeigt eine Darstellung dieses Szenarios.

Als angestrebtes Ziel wurde für dieses Beispiel willkürlich eine möglichst scharfkantige Bündelung des austretenden Lichtkegels auf eine konstante Lichtstärke innerhalb des halben Öffnungswinkels $\theta_{FWHM} = 15°$ gewählt. Eine Ansicht dieser angestrebten und der im Vergleich dazu erreichten Verteilung der Initial-Linse zeigt die rechte Seite von Abb. 7.11. Es ist dort zu erkennen, dass sich die beiden Lichtstärkeverteilungen deutlich unterscheiden.

Um eine Verbesserung zu erzielen, kam nun die 2-dimensionale Version der OFFD zum Einsatz. Dazu wurde für dieses beispielhafte System die Optimierungsmethode des steilsten Abstiegs verwendet.

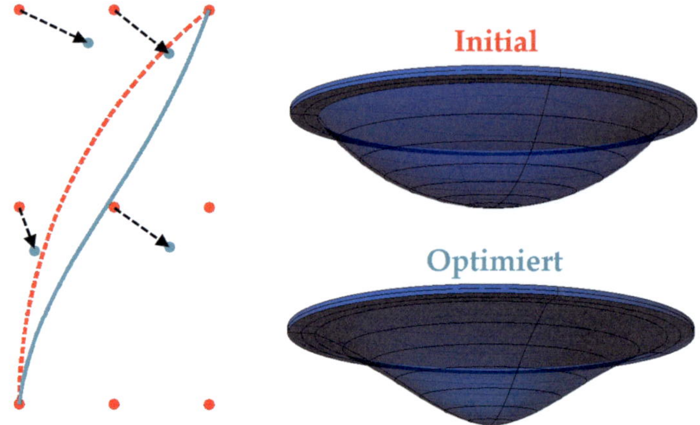

Abbildung 7.12: Vergleich des sphärischen Initialentwurfs und der optimierten Linse. Die linke Seite zeigt die Querschnittskurven im FFD-Block mit dem Kontrollpunktegitter (rote Punkte) und den optimierten Positionen der 4 *vP* (grüne Punkte), die rechte Seite die entsprechenden Linsen als Rotationskörper.

Beschreibt man die zu deformierende Querschnittskurve in einem FFD-Block mit einem 3×3 Kontrollpunktegitter, dann stehen 9 Punkte als Freiheitsgrade zur Manipulation der Freiform-Kurve zur Verfügung. Daraus wurden 4 als *vP* ausgewählt über deren x- und y-Komponentenverschiebung dann 8 Optimierungsvariablen festgelegt wurden. Eine Darstellung der Initialkurve und der optimierten Kurve im Kontrollpunktegitter sowie die Auswahl und optimierten Positionen der *vP* zeigt die linke Seite von Abb. 7.12. Eine Ansicht der entsprechenden Rotationsflächen ist auf der rechten Seite zu sehen.

Als Bewertungsfunktion im Zuge der Optimierung wurde das Abweichungsgütemaß Q_A nach Kapitel 4 für die Lichtstärke im Polarwinkelbereich von $0\,°$ bis $40\,°$ eingesetzt. Zur Darstellung des Verlaufs der Bewertungsfunktion während der Optimierung eignet sich eine

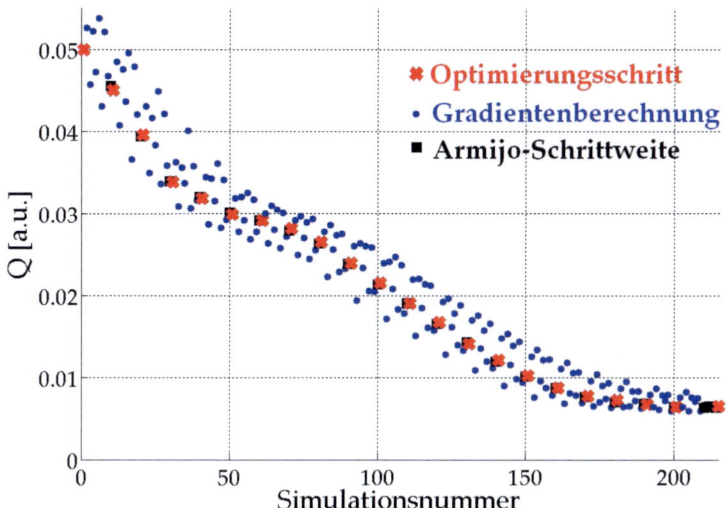

Abbildung 7.13: Verlauf des Abweichungsgütemaßes Q_A des sphärischen Initialentwurfs der 2D-FFD während der Optimierung auf Basis des steilsten Abstiegs. Farbe und Form der Symbole markieren gemäß der Legende den Zweck einer einzelnen Simulation.

Auftragung über den einzelnen Simulationen, die die Iterationen des Synthese-Algorithmus aus Abschnitt 7.1.3 repräsentieren.

Abb. 7.13 verwendet diese Art der Auftragung und zeigt das Erreichen des optimierten Systems nach 219 Simulationen. Das Abweichungsgütemaß konnte dadurch auf ca. 12% seines initialen Wertes reduziert werden. Wie außerdem erkennbar wird, waren dazu 22 Optimierungsschritte nötig. Die restlichen Simulationen dienten den jeweils nötigen Berechnungen des lokalen Gradienten bzw. der Armijo-Schrittweiten gemäß der im vorigen Kapitel vorgestellten Methode. Auf einem leistungsfähigen 4-Kern-Desktop-Computer betrug die Gesamtdauer einer solchen Optimierung mit 1 Mio. Strahlen und bei Berücksichti-

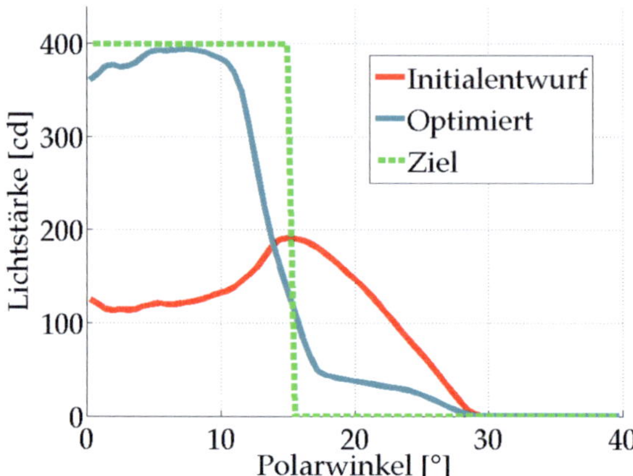

Abbildung 7.14: Gegenüberstellung der rotationssymmetrisch gemittelten Lichtstärkeverteilungen der PMMA-Linse vor und nach der Optimierung mit 2D-FFD

gung von Fresnel-Effekten etwa 30 Minuten. Dieser Wert hängt im Allgemeinen wie in den vorigen Abschnitten dargestellt stark von der Simulationssoftware und der Komplexität der Modellierung des Systems ab.

Zur Visualisierung der erreichten Verbesserung durch die Optimierung mit 2D-FFD dienen Abb. 7.14 und Abb. 7.15. Darin ist eine Gegenüberstellung der Lichtstärkeverteilungen vor und nach der Optimierung als Kurven bzw. als logarithmisch skalierte Schwarz-Weiß-Illustration zu sehen. Wie daraus hervorgeht, konnte eine wesentliche Verbesserung erreicht werden.

Ausgehend von dieser mit der OFFD durchgeführten Entwurfsoptimierung der Freiform-Kurve einer Linse wird nun der Einfluss verschiedener Parameter und Rahmenbedingungen betrachtet.

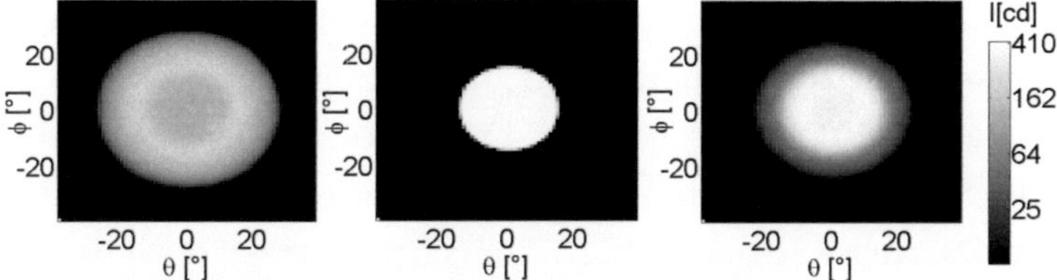

Abbildung 7.15: Gegenüberstellung der Lichtstärkeverteilungen des Initalentwurfs (links), der Zielstellung (mittig) und der durch die optimierte Linse erhaltenen Verteilung in logarithmischer Skalierung

OFFD 2D - EINFLUSS DES INITIALENTWURFS

Der Initialentwurf spielt für die Durchführungsdauer der OFFD eine entscheidende Rolle und kann außerdem die Qualität des Ergebnisses beeinflussen. Ein gutes Initialsystem liegt im Raum der Bewertungsfunktion unter sonst gleichen Rahmenbedingungen näher am zugehörigen Minimum, als das bei einem schlechten der Fall ist. Dadurch kann es in weniger Schritten erreicht werden. Da allerdings die Gestalt der Q-Landschaft insgesamt vom Initialsystem abhängt, beschreiben die zugehörigen Minima nicht dieselbe Fläche. So können zwei unterschiedliche Freiform-Kurven durch eine FFD im Allgemeinen nicht identisch aufeinander abgebildet werden. Damit unterscheidet sich die Qualität des Ergebnisses der OFFD auch mit der Wahl des Initialsystems. Gute Initialentwürfe resultieren in der Regel auch in besseren optimierten Systemen.

Zur Darstellung des Einflusses des Initialentwurfs wurde die oben im Detail präsentierte Optimierung einer bündelnden Linse mit einer durch Tailoring berechneten Initialfläche durchgeführt. Alle anderen Rahmenbedingungen blieben unverändert. Für das Tailoring wurden eine Lambertsche Punktquelle an der LED Position und die konstante

15°-Lichtstärke-Zielverteilung verwendet. Bei dieser Linse sind die Abweichungen zur idealen Lichtlenkung ausschließlich durch die Lichtquellenausdehnung bedingt. Die Tailoring-Querschnittskurve stellt im Sinne der Bewertungsfunktion ein wesentlich besseres Initialsystem dar. Abb. 7.16 und Abb. 7.17 zeigen die Lichtstärkeverteilungen und den Verlauf der Bewertungsfunktion während der Optimierung. Wie man erkennen kann, findet auch hier noch eine deutliche Verbesserung der Qualität der Linse durch die OFFD statt. Sie wird nach den Zwischenschritten zur Berechnung des Gradienten für den steilsten Abstieg bereits im ersten Optimierungsschritt erreicht. Im Vergleich zur vorigen OFFD mit dem sphärischen Initialentwurf sind hier die Zahlenwerte der vP-Verschiebungen und das damit verbundene Ausmaß der geometrischen Modifikationen wesentlich kleiner.

Wie sich aus weiteren Untersuchungen für andere Systeme und Initialkurven ergab, kann die OFFD in vielen Fällen auch mit eher schlechten Initialsystemen zu sehr guten Ergebnissen führen. Das stellt eine der Stärken der OFFD dar. Allerdings ist dann eher ein wiederholtes Anwenden mit jeweils angepassten und immer weiter spezialisierten Rahmenbedingungen zu empfehlen. Dieses Vorgehen ist in der Praxis aufgrund der geringen Parameter-Anzahl für rotationssymmetrische Systeme in der Regel nicht notwendig, spielt aber für nicht-rotationssymmetrische Optiken eine wichtige Rolle.

OFFD 2D - EINFLUSS DER OPTIMIERUNGSALGORITHMEN

Für die Analyse verschiedener Optimierungsalgorithmen innerhalb der OFFD wurde das oben dargestellte Linsensystem mit der durch Tailoring berechneten Initialfläche und der Q_A-basierten Bewertung für eine konstante 15°-Zielverteilung verwendet. Um anschaulichere Darstellungen für den Vergleich der Algorithmen zu ermöglichen,

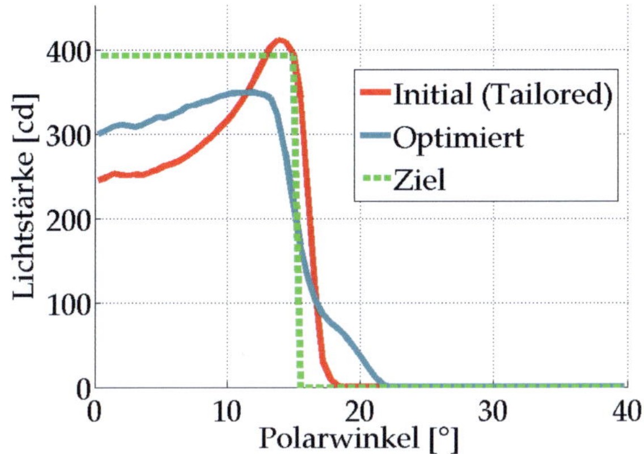

Abbildung 7.16: Gegenüberstellung der rotationssymmetrisch gemittelten Lichtstärkeverteilungen der durch Tailoring berechneten PMMA-Initial-Linse vor und nach der OFFD

wurde nur der zentrale FFD-Gitterpunkt als vP definiert. Damit gibt es mit dessen x- und y-Komponenten nur 2 Optimierungsvariablen und die Q-Landschaft kann über einem Ausschnitt des Parameterraums gezeigt werden. Dazu wurde ein Scan-Modus in die FFD-Optimierungssoftware integriert, der die Optimierungsvariablen in einem äquidistanten Raster einer wählbaren Schrittweite um das Initialsystem herum erzeugt und die zugehörigen Deformationen und Q-Werte ermittelt. Diese Punktwolke repräsentiert die Bewertungsfunktion und kann als Fläche visualisiert werden. Sie erlaubt es, den iterativen Verlauf der Optimierung auf dem Weg zum Minimum zu verdeutlichen. Dementsprechende Darstellungen werden für den Downhill-Simplex-Algorithmus und die Methode des steilsten Abstiegs in Abb. 7.18 präsentiert. Die Ergebnisse für die Methode der konjugierten Gradienten ähnelt für dieses System denen des steilsten Abstiegs stark und wurde daher nicht zusätzlich abgebildet.

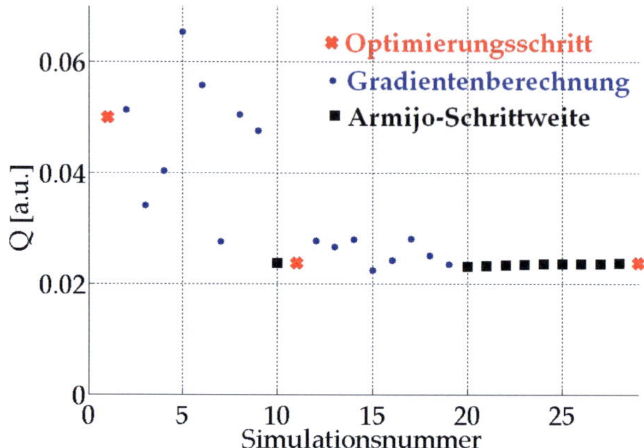

Abbildung 7.17: Verlauf des Abweichungsgütemaßes Q_A bei der OFFD mit einem durch Tailoring berechneten Initialentwurf für die Methode des steilsten Abstiegs

Wie aus den Darstellungen hervorgeht, konvergieren beide Methoden nach einer ähnlichen Anzahl von Simulationen im Bereich von etwa 10-12 im gleichen Minimum und liefern letztlich Linsenflächen, die die gleiche Qualität aufweisen. Während beim Downhill-Simplex-Algorithmus der Weg dorthin eher gleichmäßig und direkt verläuft, erreicht die Methode des steilsten Abstiegs das Minimum nach zwei Optimierungsschritten mit vergleichsweise großer Verbesserung. Die restlichen Simulationen werden für Gradienten- und Armijo-Zwischenberechnungen benötigt.

Weitere Analysen mit anderen Systemen bestätigen insgesamt den Eindruck, dass die implementierten Optimierungsalgorithmen letztlich eine ähnliche Anzahl Simulationen benötigen und das gleiche Minimum finden. Es ergibt sich für die praktische Anwendung das Fazit, dass der robuste Downhill-Simplex-Algorithmus für alle betrachteten Fälle die beste Wahl darstellt. Dadurch kann die manchmal

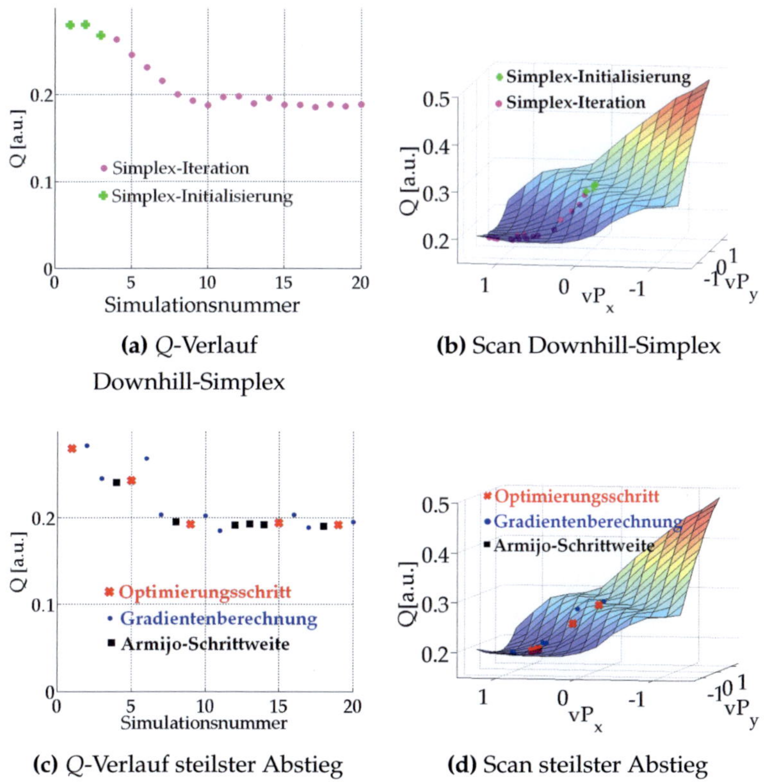

(a) Q-Verlauf Downhill-Simplex

(b) Scan Downhill-Simplex

(c) Q-Verlauf steilster Abstieg

(d) Scan steilster Abstieg

Abbildung 7.18: Darstellung des Verlaufs einer OFFD mit einem vP für den Downhill-Simplex-Algorithmus und die Methode des steilsten Abstiegs im Raum der Bewertungsfunktion

problematische Festlegung der verschiedenen Parameter, die für die ableitungsbasierten Methoden nötig sind, vermieden werden. Lediglich die Größe des Inital-Simplex muss geeignet angepasst werden.

OFFD 2D - EINFLUSS DER BEWERTUNGSFUNKTION

Zur Analyse verschiedener Bewertungsfunktionen als Teil der OFFD werden im Folgenden drei Systeme gezeigt. Das dabei verwendete optische System entspricht der Beschreibung am Anfang des Abschnitts mit der sphärischen Initialfläche und den 4 vP. Zunächst wird den obigen Ergebnissen der reinen Bewertung mit dem Abweichungsgütemaß Q_A eine Optimierung mit einem multikriteriellen Ansatz gegenübergestellt. Dafür wurde gemäß der Beschreibung aus Abschnitt 4.2 das Gütemaß $Q_{M,\mathrm{Sum1}}$ verwendet, also eine Summe mit konstanter Gewichtung. Die beiden Beiträge darin wurden als $Q_1 = Q_\Phi^{15°}$ und $Q_2 = Q_A$ gewählt. Damit hat die Optimierung das Ziel, so viel Licht wie möglich in den Polarwinkelbereich bis 15° zu lenken und gleichzeitig die Abweichungen zur vorgegebenen Rechteckfunktion zu minimieren. Die Skalierungsfaktoren c_1 und c_2 wurden so definiert, dass die Beiträge beider Gütemaße zu $Q_{M,\mathrm{Sum1}}$ für den Initialentwurf gleich groß sind. Eine solche multikriterielle Bewertung hat sich in der Praxis als für viele Systeme gut geeignet herausgestellt und bessere Konvergenz gezeigt als eine reine Bewertung mit einem Abweichungs- oder Transferverlustgütemaß. Der Verlauf des Gütemaßes für die Simulationsschritte des FFD-Optimierungssynthese-Algorithmus wird in Abb. 7.19 dargestellt und konvergiert nach etwa 40 Schritten.

Den Vergleich der Ergebnisse zur OFFD mit dem reinen Abweichungsgütemaß zeigt Abb. 7.20. Wie man erkennen kann, sind die Ergebnisse grundsätzlich ähnlich. Eine genauere Analyse ergibt, dass wie erwartet bei der multikriteriellen Bewertung der Lichtstromanteil im 15°-Kegel

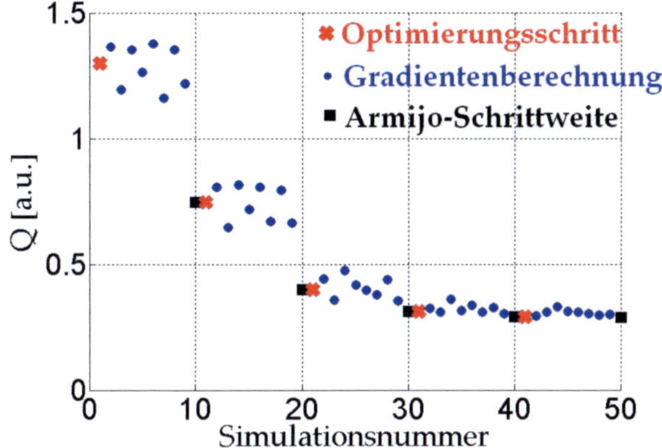

Abbildung 7.19: Verlauf der multikriteriellen Bewertungsfunktion $Q_{M,\text{Sum1}}$ für die FFD-Optimierung einer Linsenfläche auf Basis des steilsten Abstiegs

etwas höher liegt und dafür die Abweichungen gegenüber der Rechteckfunktion geringfügig größer sind.

In einem weiteren Design wurde für die OFFD der sphärischen Initial-Linse und mit 2 vP ein Merkmalsgütemaß Q_P vorgeben. Es soll dazu dienen, die Fokussierung auf einen bestimmten Polar-Winkel θ_P als Merkmal der Abstrahlung zu messen. Für dieses Beispiel wurde $\theta_P = 20°$ gewählt, sodass das Ziel dieser Linse die Erzeugung einer ringartigen Abstrahlung ist. Des Weiteren wurde gemäß der Definition in Abschnitt 4.1 eine Funktion g_2 eingesetzt. Sie ist auf der linken Seite in Abb. 7.21 zu sehen und gewichtet eine Lichtstärkeverteilung $I(\theta)$ an jeder Stelle mit einem Faktor $g_2(|\theta - \theta_P|)$, der in der Nähe von θ_P klein ist und weiter weg entsprechend groß. Das so definierte $Q_P^{20°}$ wirkt gewissermaßen wie ein Filter einer gewissen Bandbreite im Winkelraum und ist in dieser Form gut für eine Optimierung geeignet. Den Verlauf des Gütemaßes $Q_P^{20°}$ stellt die rechte Seite von Abb. 7.21 dar.

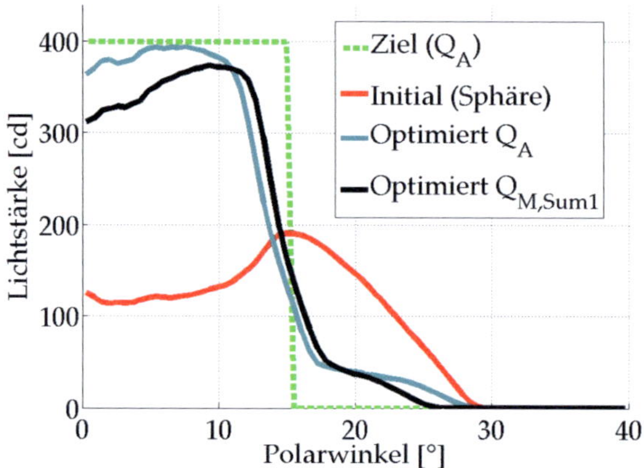

Abbildung 7.20: Vergleich der Lichtstärkeverteilungen der 2D-FFD-Optimierung einer LED-Linse für verschiedene Bewertungsfunktionen

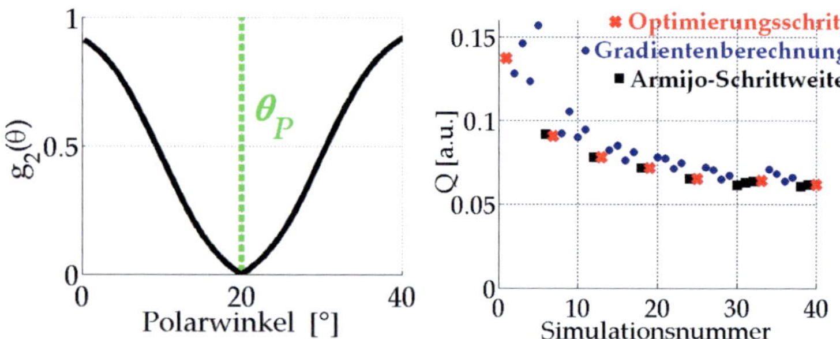

Abbildung 7.21: Gewichtsfunktion g_2 (links) und Verlauf von $Q_P^{20°}$ (rechts) für die 2D-FFD-Optimierung einer LED-Linsenfläche

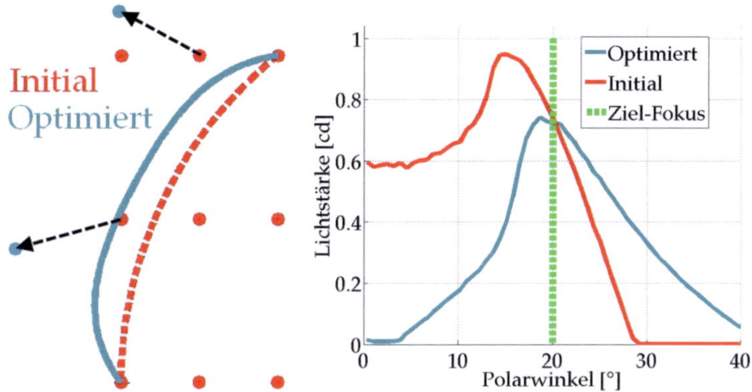

Abbildung 7.22: Ansicht der initialen und optimierten Querschnittskurven im FFD-Block mit 2 vP (links) und Vergleich der entsprechenden Lichtstärkeverteilungen (rechts) für die 2D-FFD-Optimierung einer Linsenfläche

Die Querschnittskurven der initialen und optimierten Linse im FFD-Block sowie die entsprechenden Lichtstärkeverteilungen zeigt Abb. 7.22. Auch in diesem Beispiel konnte die OFFD erfolgreich angewendet werden. Sie erreicht nach der Bewertung mit dem oben beschriebenen Maß eine Reduzierung auf ca. 43% des Initial-Wertes in 40 Simulationsschritten.

OFFD 2D - EINFLUSS DER OPTIMIERUNGSVARIABLEN

Einer der Vorteile der OFFD ist die vergleichsweise einfache Auswahl der vP als Optimierungsparameter zur geometrischen Manipulation der Flächen. Um den Einfluss von Anzahl und Position der vP zu analysieren, wurden für das LED-Linsen-System bei ansonsten gleichbleibenden Rahmenbedingungen (sphärische Initialfläche, Q_A-Bewertung, konstante 15°-Zielverteilung, steilster Abstieg) eine Reihe

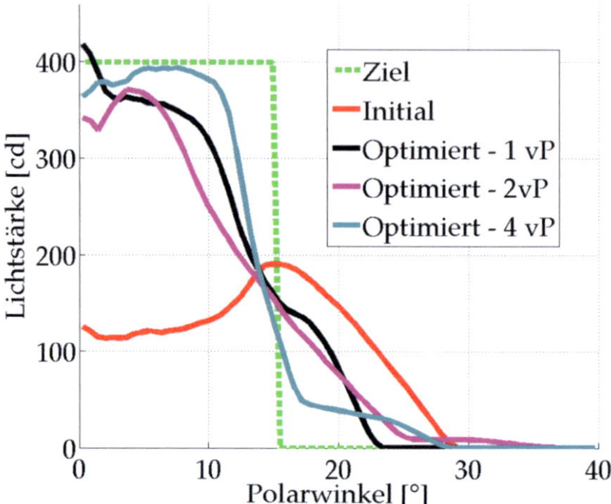

Abbildung 7.23: Gegenüberstellung der initialen und durch FFD-Optimierung erreichten Lichtstärkeverteilungen der Freiformlinse für 1, 2 und 4 vP

von Optimierungen durchgeführt. Eine größere Anzahl an vP führte zu einer entsprechend höheren Dauer der Optimierung. Andererseits stellen mehr vP auch mehr Freiheitsgrade für die durch die FFD erreichbaren Kurvendeformationen dar und man kann damit im Sinne der Gütebewertung bessere Ergebnisse erwarten.

Ein Vergleich der Ergebnisse für 1, 2 und 4 vP bezüglich der Lichtstärkeverteilungen ist in Abb. 7.23 zu sehen, während Abb. 7.24 die entsprechenden Querschnittskurven im FFD-Block darstellt. Die Gütemaßwerte der optimierten Systeme als prozentuale Reduzierung bezüglich des Initialentwurfs führt Tab. 7.1 auf. Wie sich aus dieser und weiteren Analysen zeigt, sind mehr als 4 vP für die 2-dimensionale Version der OFFD bei einem 3×3-Kontrollpunktegitter nicht sinnvoll, die Qualität der Ergebnisse verbessert sich kaum noch. Ein einzelner vP kann in manchen Fällen wie auch dem hier gezeigten System

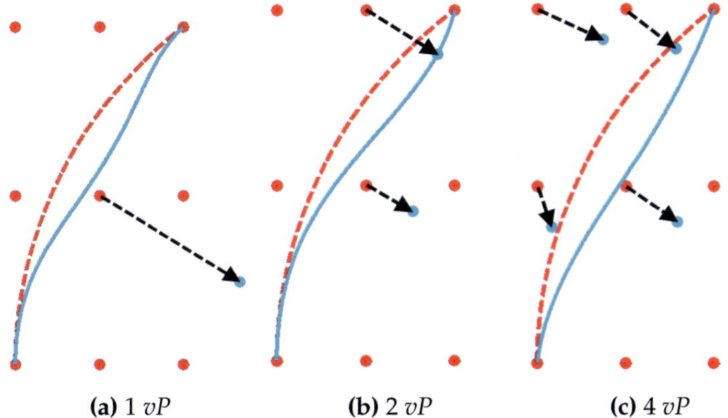

(a) $1\,vP$ **(b)** $2\,vP$ **(c)** $4\,vP$

Abbildung 7.24: Querschnittsansichten der initialen (rot, gestrichelt) und optimierten (grünlich, durchgezogen) Kurven für 1, 2 und 4 vP im Kontrollpunktegitter des FFD-Blocks

	Initialentwurf	$1\,vP$	$2\,vP$	$4\,vP$
$Q_A[\%]$	100	21	26	12

Tabelle 7.1: Auflistung der durch die 2D-FFD-Optimierung erreichten prozentualen Reduzierungen des Abweichungs-Gütemaßes Q_A für verschiedene vP bezüglich des sphärischen Initialentwurfs

bereits gute Verbesserungen erreichen und bietet sich durchaus für eine erste, schnelle Optimierung an. Als guter Kompromiss zwischen Optimierungsdauer und Gütemaß des Resultats hat sich für viele Systeme die Verwendung von 2 vP herausgestellt. Allerdings hängt das erzielte Ergebnis bei wenigen vP im Bereich von 1-3 sehr stark vom konkreten Initialsystem ab. Dadurch kann es, wie aus Abb. 7.23 und Tab. 7.1 hervorgeht, auch vorkommen, dass das Ergebnis für zwei vP schlechter ausfällt als das für einen vP.

Was die Auswahl der vP aus dem Kontrollpunktegitter angeht, so sollten sie möglichst gleichmäßig über den Kurvenquerschnitt verteilt werden, um der FFD den größten Spielraum zur Verformung der Kurve zu bieten. Diese Vorgehensweise kann entsprechend angepasst werden, wenn bekannt ist, welche Bereiche der Kurve für eine Modifikation besonders geeignet sind. Allerdings sollten für Kurven wie die hier verwendeten Initialentwürfe die beiden Eckpunkte, die durch die Anfangs- und Endpunkte der Kurve definiert sind, nicht als vP eingesetzt werden. Dadurch wird sichergestellt, dass die optimierte Freiform-Kurve die Eckpunkte ebenfalls enthält und keine Löcher im Rotationskörper entstehen. Außerdem wird so ein stetiger Anschluss zu den angrenzenden Flächen des optischen Systems gewährleistet.

OFFD 2D - Zusammenfassung

Die in den vorigen Abschnitten präsentierten Systeme zeigen die Möglichkeiten der Entwurfsoptimierung von Freiform-Linsen im Nahfeld einer Lichtquelle mit der OFFD. In den meisten Fällen konnte durch eine geringe Anzahl von Simulationen eine wesentliche Verbesserung bezüglich der erreichten Abstrahlung erzielt werden. Für die vom Benutzer im Rahmen des Synthese-Algorithmus wählbaren Parameter und Rahmenbedingungen wurden durch entsprechende Analysen sinnvolle Richtwerte und Regeln aufgestellt.

Viele dieser Ergebnisse und Vorgehensweisen lassen sich auch auf komplexere bzw. andere optische Systeme mit reflektierenden Flächen, Beleuchtungsstärke-basierten Bewertungsfunktionen oder andersartigen Initialsystemen übertragen. Insofern stellen die hier vorgestellten Systeme nur einen Ausschnitt der denkbaren Anwendungen dar.

7.2.2 NICHT-ROTATIONSSYMMETRISCHE SYSTEME

Basierend auf den Erfahrungen der OFFD für rotationssymmetrische Systeme werden im Folgenden zunächst die Rahmenbedingungen für deren Anwendungen bei nicht-rotationssymmetrischen Optiken betrachtet. Anschließend werden zwei beispielhafte Entwurfsoptimierungen von Freiform-Linsen im Nahfeld von LEDs im Detail präsentiert.

OFFD 3D - INITIALENTWÜRFE

Der Initialentwurf für die 3D-Version der OFFD kann grundsätzlich aus einer beliebigen Fläche bestehen, die dann durch den FFD-Formalismus von einem Volumen eingeschlossen und entsprechend modifiziert wird. In dieser Arbeit dienten dazu für die erste Iteration der OFFD eines Systems vergleichsweise einfache, rotationssymmetrische Flächen. Sie wurden durch den gleichen Formalismus wie bei der 2D-Version als Rotationskörper einer als Punktewolke vorgegebenen Kurve als NURBS erzeugt. Dieses Vorgehen hat verschiedene Gründe:

Wie in Abschnitt 3.1.3 dargestellt, gibt es nur wenige, fortgeschrittene Initialentwurfsmethoden für 3D-Freiform-Flächen wie etwa das

3-dimensionale Analogon zum 2D-Tailoring. Diese Methoden sind je nach konkretem System dazu in der Lage, sehr gute Initialentwürfe zu liefern. Die Aufgabe der Entwurfsoptimierung ist es dann, eher kleinere Anpassungen etwa für die Lichtquellenausdehnung zu erreichen. Allerdings standen solche Designmethoden weder im Rahmen dieser Arbeit zur Verfügung noch können sie als verbreiteter Stand der Technik betrachtet werden.

Außerdem hat die Anwendung im 2-Dimensionalen einen Vorteil der OFFD gezeigt, der sich auch auf den 3D-Fall übertragen lässt: Die OFFD ist dazu in der Lage, auch aus vergleichsweise schlechten Initialsystemen effektiv gute Ergebnisse zu erzielen.

Als geeignete Vorgehensweise für solche Fälle, hat sich für den 3D-Fall die wiederholte Anwendung der OFFD erwiesen. Dabei wird iterativ das Ergebnis einer Optimierung als Initialentwurf der nächsten eingesetzten. Letztlich können dadurch erfolgreich Freiform-Flächen entworfen werden, die sich stark von der rotationssymmetrischen Initialfläche unterscheiden, um eine nicht-rotationssymmetrische Beleuchtungsaufgabe zu bewältigen.

OFFD 3D - OPTIMIERUNGSALGORITHMEN

Wie aus der Analyse der Optimierungsmethoden für den 2D-Fall hervorgeht, hat sich der Downhill-Simplex-Algorithmus bei guten Konvergenzeigenschaften als der stabilste und einfachste bezüglich der Parameterwahl für die OFFD erwiesen. Aus diesem Grund wurde nur dieser Algorithmus für den 3D-Fall eingesetzt.

OFFD 3D - BEWERTUNGSFUNKTIONEN

Für die Festlegung der Bewertungsfunktionen sind für nicht-rotations-symmetrische Systeme 2-parametrige Zielverteilungen f_{Ziel} im Winkel- oder Ortsraum notwendig. Die Integration über das einer Q-Definition zugehörige Gebiet G wird dann in der Praxis als Summe über die einzelnen Pixel des Detektors der Simulation durchgeführt. Um eine möglichst flexible und einfache Handhabung zur Wahl unterschiedlicher Zielverteilungen für den Anwender zu bieten, wurde die Möglichkeit implementiert, ein Graustufen-Bild als *.bmp* einzulesen. Es stellt auf anschauliche Weise die gewünschte Beleuchtung dar. Unter Angabe von Referenzkantenlängen dieses Bildes im Winkel- oder Ortsraum kann es so an jeder Stelle, die einem Detektorpixel aus der Simulation entspricht, ausgewertet und zur Q-Berechnung verwendet werden.

OFFD 3D - OPTIMIERUNGSVARIABLEN

Für nicht-rotationssymmetrische Systeme erweitert sich das Kontroll-punktegitter in der bei der Einführung der FFD dargestellten Form und erhöht damit die Anzahl der als vP zur Verfügung stehenden Punkte. Für den typischen Fall eines $3 \times 3 \times 3$-Gitters stehen dann 27 Möglichkeiten zur Verfügung. Außerdem hat jeder der Kontroll-punkte gegenüber der 2D-Version eine weitere räumliche Komponente. Gemäß der Strategie, die vP gleichmäßig über die zu deformierende Geometrie zu verteilen, um damit zumindest im ersten Schritt möglichst alle Bereiche der Fläche modifizieren zu können, beträgt eine sinnvolle Anzahl der vP zwischen 4 und 8. Damit gibt es 12-24 Optimierungsvariablen. Im Vergleich zu einer typischen 2D-Optimierung sind das drei- bis viermal so viele Variablen, was mit einer entsprechend höheren Anzahl an Simulationen und einer längeren Optimierungsdauer einhergeht.

Wenn die in der Q-Definition enthaltene Zielverteilung eine Symmetrie aufweist, kann die gleiche Symmetrie als Rahmenbedingung für die Deformation der Fläche genutzt werden. Das verringert zum einen die Anzahl der effektiv freien Variablen und damit die Dauer der Optimierung und zum anderen wird die exakte Symmetrie der Abstrahlung der resultierenden Optik garantiert. Für eine Spiegel-Symmetrie an einer Ebene, wie sie für die später vorgestellte Straßenleuchtenoptik existiert, bedeutet das, dass die vP nur auf einer Seite des FFD-Block-Kontrollpunktegitters definiert werden. Wenn dann im Zuge der Optimierung Veränderungen der Koordinaten eines vP stattfinden, wird die zugehörige gespiegelte Veränderung mit dem Spiegelpartner des vP durchgeführt. Diese Vorgehensweise wurde für verschiedene Spiegelebenen in den Synthese-Algorithmus implementiert und ist in Abb. 7.25 zu sehen.

OFFD 3D - SYSTEM 1: ELLIPTISCHE BELEUCHTUNG

Im ersten Beispiel für die Entwurfsoptimierung mit der OFFD in 3D wird eine PMMA-Freiform-Linse im Nahfeld einer CREE XP-G2[91] LED zur Erzeugung einer homogenen, elliptisch geformten Beleuchtung vorgestellt. Als Initialentwurf wurde dieselbe sphärische Fläche aus dem vorigen Abschnitt eingesetzt, die auch in Abb. 7.25 zu sehen ist. Sie befindet sich wieder 5 mm vor der LED und erzeugt entsprechend eine nicht homogene, rotationssymmetrische Beleuchtung auf einer 50 mm entfernten Detektorfläche. Die leuchtende Fläche der LED hat einen Durchmesser von etwa 3 mm. Sie wurde im detaillierten Simulationsmodell, das auch Fresnel-Effekte berücksichtigt, durch ein Rayfile mit 1 Mio. Strahlen repräsentiert. Zur Auswahl der vP

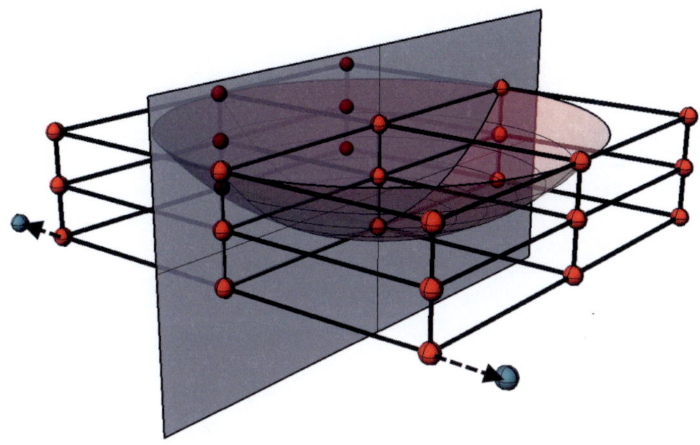

Abbildung 7.25: Darstellung einer sphärischen Initialfläche im 3D-FFD-Block mit 27 Kontrollpunkten (rote Punkte) sowie einer Spiegelebene und der Verschiebung eines vP und der damit verbundenen Verschiebung seines Spiegelpartners (grüne Punkte)

wurde die Strategie der gleichmäßigen Verteilung der vP eingesetzt. Die Symmetrie der elliptischen Zielverteilung erlaubt außerdem die oben beschriebene Reduzierung der Optimierungsdauer durch die Verwendung gespiegelter Operationen für gegenüberliegende vP. Als Bewertungsfunktion wurde das Abweichungsgütemaß Q_A benutzt. Das Lichtstromgütemaß Q_Φ kann bei den gegebenen Bedingungen keinen sinnvollen Beitrag zur Optimierung liefern, da der Initialentwurf bereits den größten Teil des Lichts in den elliptischen Ziel-Bereich lenkt.

Der Verlauf und die Ergebnisse der Entwurfsoptimierung sind in Abb. 7.26, Abb. 7.27 und Abb. 7.28 zu sehen. Im Sinne der Bewertungsfunktion konnte eine Reduzierung von Q_A auf 24% des Initialwertes erreicht werden. Wie auch die Ansichten der Beleuchtungsstärken

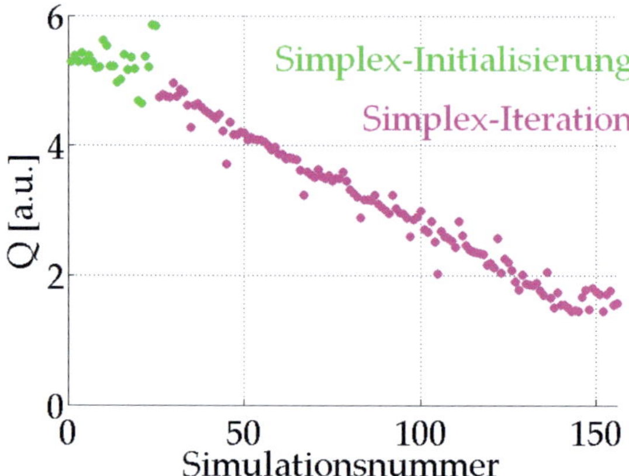

Abbildung 7.26: Verlauf des Gütemaßes Q_A bei der 3D-FFD-Optimierung einer Freiform-Linse zur Erzeugung einer elliptischen Beleuchtung auf Basis des Downhill-Simplex-Algorithmus

zeigen, erzeugt die resultierende Freiform-Linse im Nahfeld der LED nach einer einzelnen Anwendung der OFFD eine Beleuchtung, die der als Ziel vorgegebenen, elliptischen Beleuchtung sehr nahe kommt. Insgesamt wurden dafür etwas mehr als 150 Simulationen benötigt, das entspricht unter den oben beschriebenen Simulationsbedingungen mit dem dafür eingesetzten Computer[6] einem Zeitbedarf von ca. 60 Minuten.

---

[6]Der Computer kann zum Zeitpunkt der Durchführung als ein leistungsstarker Desktop-PC betrachtet werden und hat einen 8 Kern Intel(R) Xeon(R) X5675 CPU mit 3,07 GHZ bei 96 GB Arbeitsspeicher und ein Windows 7 Betriebssystem.

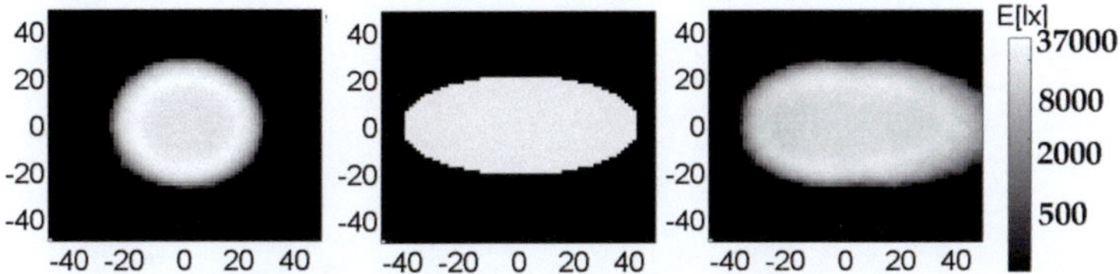

Abbildung 7.27: Gegenüberstellung der Beleuchtungsstärkeverteilung auf dem Detektor (Achsen in [mm]) für den Initialentwurf (links), die Zielverteilung (mittig) und die durch die optimierte Freiformlinse erreichte Beleuchtung (rechts) in logarithmischer Skalierung.

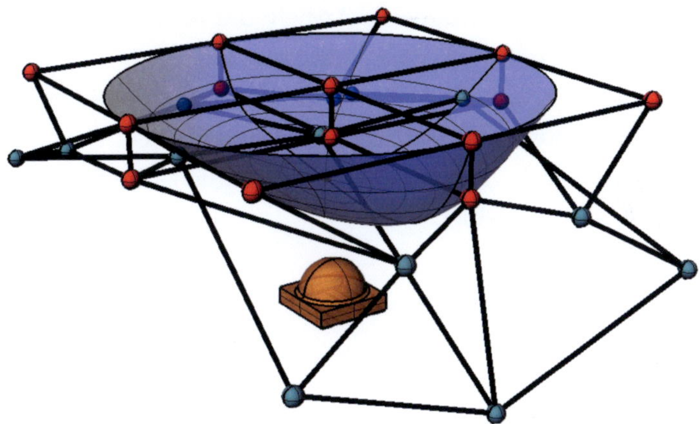

Abbildung 7.28: Perspektivische Ansicht der etwa 20 mm durchmessenden, optimierten Freiform-Fläche der Linse für die Erzeugung einer elliptischen Beleuchtung im FFD-Kontrollpunktegitter. Die roten Punkte zeigen die unveränderten Kontrollpunkte, die grünen Punkte die optimierten Positionen der vP.

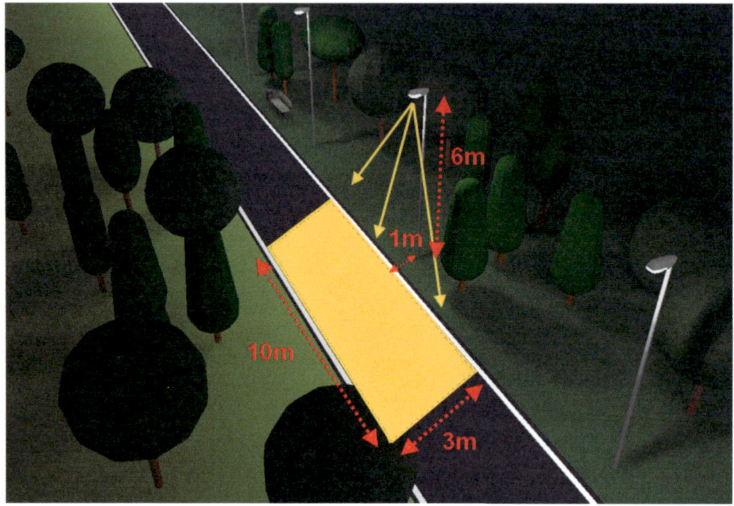

Abbildung 7.29: Schematische Ansicht der Konfiguration des Entwurfs der Freiform-Straßenleuchtenoptik. Der Mastabstand beträgt 10 m. Die LED ist in der horizontalen Ebene in 6 m Höhe und 1 m vom Straßenrand entfernt installiert. Die gelbe, rechteckige Fläche kennzeichnet das möglichst homogen zu beleuchtende Zielgebiet.

OFFD 3D - SYSTEM 2: STRASSENBELEUCHTUNG

Als zweite Anwendung der OFFD in 3D wurde eine kompakte PMMA-Freiform-Optik im Nahfeld einer LED für eine Straßenleuchte entworfen. Dieses Beispiel kann als sehr praxisnah betrachtet werden, da aktuell insbesondere auf dem Straßenbeleuchtungsmarkt sehr viele neue LED-basierte Systeme entwickelt werden, wie etwa in [92, 93] näher ausgeführt wird. Die dafür gewählten Rahmenbedingungen bezüglich der Installation und des Beleuchtungszieles stellt Abb. 7.29 dar. Die LED wird darin in einer horizontalen Ebene ohne Verkippung in 6 m Höhe und in 1 m Abstand zur Straßenseite positioniert. Sie soll eine 3 m breite Straße in einem rechteckigen Bereich der Länge 10 m möglichst homogen und effizient beleuchten. Des Weiteren soll sich die Linse nahe vor der LED befinden und einen Durchmesser in der Größenordnung von wenigen Zentimetern haben, womit sich unter anderem bezüglich einer denkbaren Spritzguss-Serienfertigung Vorteile ergeben.

Als optisches Konzept der Linse wurde im Gegensatz zu den meisten derzeit verwendeten Straßenleuchtenoptiken eine Freiform-Eintrittsfläche und eine horizontale, plane Lichtaustrittsfläche gewählt. Auf diese Weise ist es denkbar, die resultierende Optik gleichzeitig als Abschlussscheibe der Leuchte zu verwenden und so ein sonst notwendiges weiteres Bauteil einzusparen. Die Freiform-Seite der Linse soll aus einer kontinuierlichen Fläche bestehen und einen Teil der Abstrahlung einer im Wesentlichen Lambertsch strahlenden, weißen CREE XP-G2[91] LED erfassen. Eine einzelne, refraktiv arbeitende Linse kann bei einem solchen System das Licht der LED nicht vollständig erfassen und umlenken. Dafür wären zusätzliche Flächen notwendig, die Reflexion oder Totalreflexion nutzen. Auch deren Design ist mit Hilfe der OFFD denkbar, darauf wurde aber für dieses Beispiel verzichtet.

Als Initialentwurf wurde auch in dieser Anwendung mit der in eine PMMA-Platte eingebetteten, sphärischen Fläche eine der denkbar einfachsten Möglichkeiten benutzt. Der damit erfasste Anteil des LED-Lichtstroms beträgt etwa 48%. Eine Ansicht des Initialsystems mit der zugehörigen Beleuchtungsstärkeverteilung auf der Straße zeigt Abb. 7.30. Wie daraus hervorgeht, beleuchtet die Initial-Linse einen etwa 5 m durchmessenden Kreis auf inhomogene Weise und nur etwa 14% des LED-Lichtstroms fallen in den Zielbereich. Damit liegt ein vergleichsweise schlechtes Initialsystem vor, bei dem gegenüber dem ersten Anwendungsbeispiel bezüglich der Beleuchtung außer der

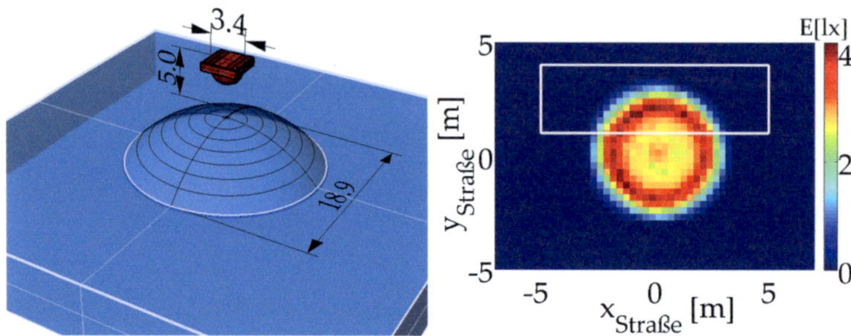

Abbildung 7.30: Darstellung des Initialentwurfs der OFFD der Straßenleuchte als perspektivische Ansicht (links) und als simulierte Beleuchtungsstärke auf der Straße (rechts). Die simulierte Verteilung beinhaltet etwa 48 % des Lichts, das über die sphärische Fläche gelenkt wird. Das weiße Rechteck markiert den zu beleuchtenden Zielbereich.

Formveränderung zudem die Notwendigkeit einer seitlichen Verschiebung besteht.

Um diese anspruchsvolle Entwurfsoptimierung umzusetzen, wurde gemäß der oben beschriebenen Strategie die OFFD wiederholt angewendet. Bei den insgesamt fünf Durchführungen blieben dabei die detaillierte Simulationsumgebung (1 Mio. Strahlen Rayfile, Fresneleffekte berücksichtigt), der Downhill-Simplex-Optimierungsalgorithmus und der rechteckige Zielbereich G gleich. Angepasst wurden dagegen die Art der Bewertungsfunktion (4-mal Abweichungsgütemaß Q_A und einmal Transferverlustgütemaß Q_Φ) und vor allem die vP. Letztere bestanden bei den fünf Anwendungen der OFFD zweimal aus fünf , einmal aus vier Punkten und zweimal aus einem Punkt. Dabei wurde jeweils die Spiegelsymmetrie der Zielverteilung genutzt, um die Anzahl der Optimierungsvariablen zu reduzieren.

Beginnend mit dem sphärischen Initialentwurf wurde für die folgenden vier Anwendungen jeweils das Resultat der vorigen Optimierung als Initialsystem der nächsten eingesetzt. Je nach Anzahl der vP waren dabei zwischen 15 und 223 Simulationen notwendig, womit die Gesamtsumme der einzelnen Simulationen über alle Iterationen von der sphärischen zur endgültigen Freiform-Linse 602 beträgt. Bei zwei der OFFD-Anwendungen war durch geometrische Analyse eine manuelle Auswahl einer Freiform-Fläche notwendig, die nicht dem besten Ergebnis im Sinne der Gütemaßbewertung entsprach, sondern nur in dessen Nähe lag. Grund dafür ist, dass der in dieser Arbeit umgesetzte Algorithmus keine geometrischen Rahmenbedingungen berücksichtigt, die im Hinblick auf die Herstellung sinnvoll sein können. Einige der Q_A-optimierten Ergebnisse wiesen beispielsweise Hinterschnitte auf, die von den meisten Fertigungstechnologien nicht realisiert werden können. Diese Thematik wird später in Kapitel 8 und 9 genauer diskutierte.

Das Gesamtresultat der OFFD der PMMA-Freiform-Linse für die Straßenbeleuchtung wird in Abb. 7.31 und Abb. 7.32 dargestellt.

Wie dort zu sehen ist, wird der größte Teil des Lichts, das auf die etwa 20 mm durchmessende Freiform-Linse trifft, in den Zielbereich auf der Straße gelenkt und beleuchtet diesen homogen. Durch die Formveränderung gegenüber der initialen Sphäre wird mit 53% ein etwas höherer Anteil des LED-Lichtstroms erfasst. Eine detaillierte Auflistung der prozentualen Lichtstromanteile und Effizienzen listet Tab. 7.2 auf. Ein wesentliches Ergebnis, das die Leistungsfähigkeit der optimierten Freiform-Fläche am besten bewertet, ist die Effizienz $\eta_{\text{Linse}} = 81\%$.

Effizienz	Initialentwurf	OFFD-Ergebnis
η_{LED} [%]	14	43
η_{Linse} [%]	29	81

Tabelle 7.2: Auflistung der Effizienzen des sphärischen Initi-alentwurfs und des Ergebnisses der OFFD der Freiform-Linse für die LED-Straßenleuchte. Angegeben sind für beide Fälle die jeweiligen Anteile des Lichtstroms, die in das rechteckige Zielgebiet fallen, bezogen auf den LED-Lichtstrom bzw. auf den erfassten Lichtstrom der Linsen.

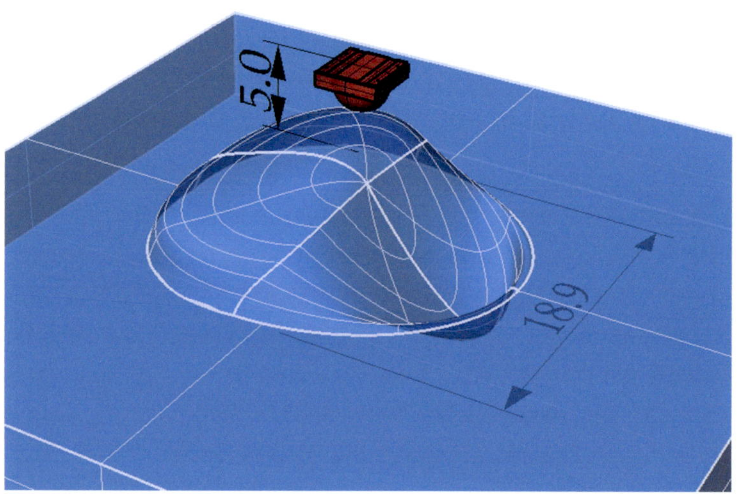

Abbildung 7.31: Perspektivische Ansicht der PMMA-Linse als Ergebnis der Entwurfsoptimierung mittels OFFD.

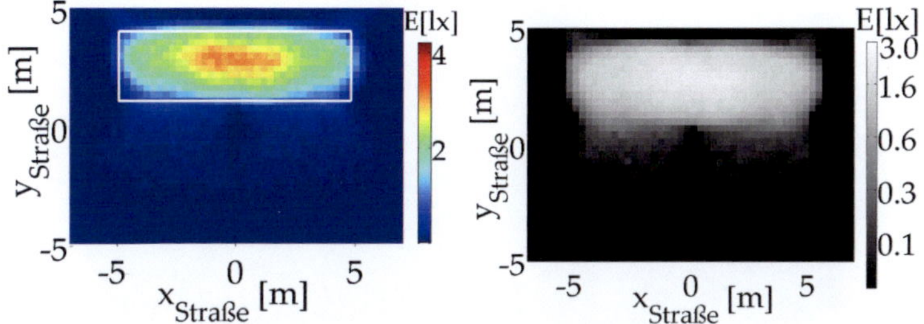

Abbildung 7.32: Simulationsergebnisse der durch die optimierte Freiform-Linse erzeugten Beleuchtungsstärkeverteilung auf der Straße, links in linearer Falschfarben-Darstellung (Skalierung wie in Abb. 7.30) und rechts in logarithmischer schwarzweiß Skalierung. Die Verteilungen enthalten nur das Licht, das über die Freiform-Fläche gelenkt wurde.

Die hier vorgestellte Freiform-Linse bietet weitere vorteilhafte Aspekte gegenüber üblichen Aufsatz-LED-Linsen für die Straßenbeleuchtung. So ist etwa eine Erweiterung auf eine Linsen-Matrix in Form eines einzelnen PMMA-Spritzgussbauteils denkbar. Damit können sowohl Linsen für unterschiedliche Zielverteilungen als auch Leuchten verschiedener LED-Anzahl mit dem gleichen PMMA-Bauteil, das gleichzeitig als Optik und Abschlussscheibe dient, ausgestattet werden. Eine schematische Ansicht eines solchen Bauteils für das oben präsentierte Linsendesign zeigt Abb. 7.33.

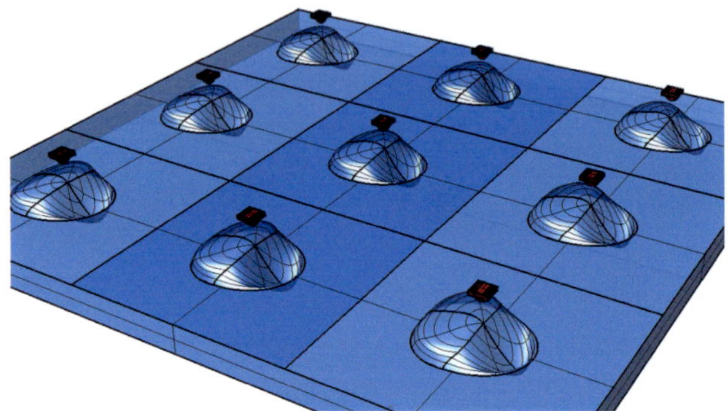

Abbildung 7.33: In einem Bauteil realisierte Straßenleuchten-optik als Array aus Freiform-Linsen, die mit OFFD entworfen wurden und eine ebene Lichtaustrittsfläche teilen.

7.3 VALIDIERUNG

Zur Validierung des Designs von Freiform-Optiken mit OFFD wurde die im letzten Abschnitt präsentierte PMMA-Linse für eine LED-Straßenbeleuchtung hergestellt und photometrisch analysiert. Als Fertigungsverfahren kam dabei ein Roboter-Fräsprozess zum Einsatz, der für die Herstellung von Prototypen von Freiform-Flächen geeignet ist. Er wird am Zentrum für Optische Technologien (ZOT)[7] an der Fachhochschule Aalen entwickelt. Bei diesem Prozess wird aus der CAD-Datei der herzustellenden Linse zunächst ein an den ABB-Industrieroboter und dessen Bewegungssystem angepasster Verfahrweg generiert. Diesem Weg folgt der an der Spitze des links in Abb. 7.34 dargestellten Roboters montierte Fräskopf und stellt so die Linsenform aus einer geeigneten PMMA-Platte her. Für die Straßenleuchten-Optik geschah das in einem etwa vierstündigen Prozess. Nach einer

---

[7]Zentrum für Optische Technologien, FH Aalen, Leitung Prof. Dr. Rainer Börret, Homepage: *www.htw-aalen.de/zot*

 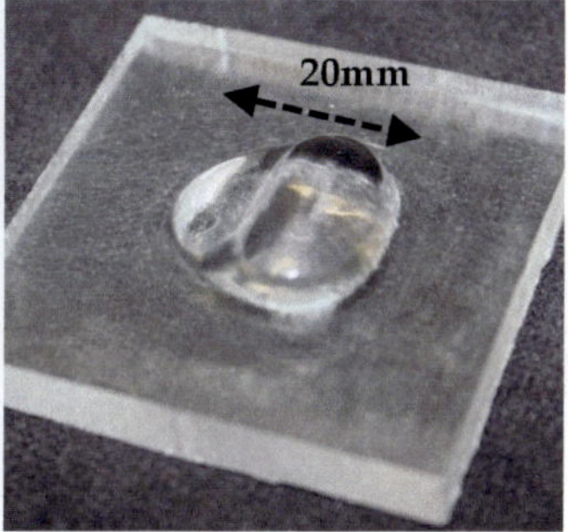

Abbildung 7.34: Foto des zur Fertigung eingesetzten Fräsroboters der Fachhochschule Aalen (links) und der hergestellten Freiform-Linse zur Straßenbeleuchtung (rechts).

anschließenden Politur von Hand lag die fertige Linse vor, die rechts in Abb. 7.34 als Fotografie gezeigt wird.

Für die photometrische Analyse wurde das am LTI zur Verfügung stehende Nahfeldgoniophotometer[8] RiGO801 von Techoteam[9] verwendet. Im Messaufbau kam eine kaltweiße Cree XP-G2 LED zum Einsatz, die mit 350 mA betrieben wurde und bei ca. 1 W elektrischer Leistungsaufnahme 146 lm emittiert. Als Hilfsmittel für die bei Freiform-Linsen wie der Straßenleuchten-Optik problematischen, relativen Positionierung von Lichtquelle und Linse zueinander wurde eine Zusammensetzung aus drei Präzisions-Positioniereinheiten verwendet. Damit

---

[8]Ein Nahfeldgoniometer besteht im Wesentlichen aus einer Leuchtdichtekamera, die sich in festgelegten Winkelschritten um eine Lichtquelle bewegt und jeweils ein ortsaufgelöstes Leuchtdichtebild aufnimmt.
[9]TechnoTeam Bildverarbeitung GmbH, Illmenau, *http://www.technoteam.de/*

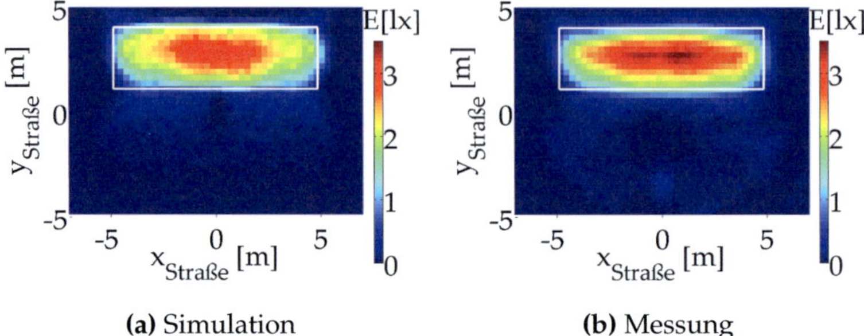

(a) Simulation **(b)** Messung

Abbildung 7.35: Vergleich von Simulation und Messung der auf die Straße projizierten Beleuchtungsstärkeverteilungen der mittels FFD-Optimierung entworfenen Freiform-Linse. Für beide Darstellungen gilt die rechts gezeigte, lineare Falschfarbenskalierung.

war die Linse in allen drei Dimensionen beweglich und konnte an die durch das Design vorgegebene Position gebracht werden.

Aus den Messdaten des Nahfeldgoniometers wurde anschließend ein Rayfile generiert und in die Simulationssoftware importiert. Dort war dann eine Projektion der Strahlen auf eine als Detektorfläche modellierte Straße möglich. Auf diesem Weg konnte ein direkter Vergleich zwischen simulierter und gemessener Beleuchtungsstärkeverteilung durchgeführt werden. Eine entsprechende Gegenüberstellung ist in Abb. 7.35 zu sehen. Daraus geht eine sehr hohe Übereinstimmung zwischen den Verteilungen hervor, die aus Design und Simulation mit OFFD und photometrischer Messung resultieren.

KAPITEL 8

DISKUSSION

Nachdem die vorigen Kapitel verschiedene Methoden und deren Anwendung zur Verbesserung des Optikdesignprozesses für Freiform-Flächen im Nahfeld von LEDs vorgestellt haben, findet in diesem Kapitel eine Diskussion der Ergebnisse in einem Gesamtzusammenhang statt. Im Vordergrund steht dabei die Erläuterung der jeweiligen Einsatzbereiche.

ENTWICKLUNGSPROZESS OPTISCHER SYSTEME

Die in Kapitel 3 präsentierte Analyse des Entwicklungsprozesses optischer Systeme stellt eine sehr allgemeine und systematische Beschreibung eines schrittweisen Ablaufs dar. Dieser kann als Hilfestellung und Leitfaden beim Design sehr unterschiedlicher optischer Systeme in der Allgemeinbeleuchtung betrachtet werden. Auf Basis der jedem Prozessschritt zugeordneten Auswahl entsprechender Methoden ist die Durchführung einer Entwicklung schnell und effizient möglich. Einen wesentlichen Beitrag als Hilfsmittel für mehrere Schritte liefern die in Kapitel 4 erläuterten, flexibel einsetzbaren Bewertungen von Lichtverteilungen.

In der hier vorgestellten Gestalt steht am Ende des Ablaufs die erfolgreiche Validierung eines photometrisch vermessenen Prototyps. Für die industrielle Vermarktung einer Leuchte schließt sich daran in der

Regel noch ein weiterer Prozess an, der die Serienfertigung in großer Stückzahl zum Ziel hat. Grund dafür sind die meistens unterschiedlichen Herstellungsverfahren für Prototypen und Serienprodukte. Sofern die zugehörigen Rahmenbedingungen beim Optikdesign bereits ausreichend berücksichtigt wurden, beinhaltet die Entwicklung zur Serienreife allerdings keine wesentlichen Änderungen der Geometrie der Optiken. Stattdessen spielen dann eher die Quantifizierung der Unterschiede zwischen Soll- und Ist- Geometrie und deren Minimierung durch Anpassungen von Fertigungsparametern zu eine Rolle.

Betrachtet man den gesamten Ablauf von der ersten Idee bis zur fertigen LED-Leuchte als Serienprodukt, dann deckt der in dieser Arbeit dargestellte Prozess alle Aspekte ab, die mit dem optischen System und der Erzeugung einer gewünschten Beleuchtung zusammenhängen.

LICHTQUELLENMODELLE

Die Modellierung der Lichtquelle steht am Anfang des Optikdesigns und kann bereits einen wesentlichen Einfluss auf die Qualität des Initialentwurfs haben. Die beiden in Kapitel 5 vorgestellten Methoden stellen Ansätze dar, mit denen durch eine optimierte und anwendungsangepasste Modellierung bessere Initialdesigns erstellt werden können. Beide Methoden erzeugen aus der durch ein Rayfile gegebenen Information eine Punktquellen-basierte Beschreibung der Lichtquelle. Da darin die räumliche Ausdehnung berücksichtigt wird, hat der darauf basierende Initialentwurf für optische Flächen im Nahfeld der Lichtquelle gegenüber einer Modellierung nach dem Stand der Technik eine höhere Qualität. Das trägt zu einem effizienteren Entwicklungsprozess des optischen Systems bei und reduziert den Aufwand für den folgenden Schritt der Entwurfsoptimierung oder kann ihn sogar gänzlich überflüssig machen.

Als Einsatzbereich für die Modellierungen in der vorgestellten Art und Weise eignen sich generell alle Lichtquellen, bei denen es kein offensichtliches Zentrum der Lichtemission gibt. Damit umfassen denkbare Anwendungen auch beispielsweise Gasentladungslampen im Wechselstrombetrieb, bei denen es im Wesentlichen zwei räumlich getrennte Emissionszentren an den Elektroden gibt. Dafür kann eine Modellierung mithilfe multipler Lichtschwerpunkte hilfreich sein. Die inverse Modellierung von Primäroptiken dagegen ist besonders günstig, wenn es einzelne reflektierende oder brechende Flächen in unmittelbarer Umgebung der physikalischen Strahlungsquelle wie dem LED-Chip oder dem Glühfaden einer Halogenlampe gibt.

Die Anwendungen der Modelle wurden hier für den Initialentwurf rotationssymmetrischer LED-Systeme mittels Tailoring vorgeführt. Neben den oben genannten Beispielen für andere Lichtquellen sind aber auch weitere Einsatzbereiche der zugrunde liegenden Modellierungskonzepte für nicht-rotationssymmetrische Systeme oder zu Analysezwecken möglich. Voraussetzung ist lediglich die Verfügbarkeit eines Rayfiles.

ENTWURFSOPTIMIERUNG

Die Optimierung des Initialentwurfs eines optischen Systems auf zwei unterschiedliche Arten ist Gegenstand der Kapitel 6 und 7. Die dazu notwendige, detaillierte Simulationsumgebung muss die wichtigsten Effekte des entsprechenden, realen Beleuchtungssystems berücksichtigen. Für die Simulationen in dieser Arbeit im Nahfeld von LEDs ist dazu der zentrale Aspekt die Ausdehnung der Lichtquelle und deren

Beschreibung durch Rayfiles. Allerdings sind die vorgestellten Methoden in ähnlicher Form auch dann anwendbar, wenn andere Kriterien für die Abbildung der Realität entscheidend sind. Beispielsweise können grundsätzlich auch Streuprozesse oder wellenlängenabhängige Effekte in die Simulation einfließen. Für die Optimierung ist es in diesem Zusammenhang weitgehend unerheblich, aus welchem Grund oder wie genau ein System vom gewünschten Verhalten abweicht. In jedem Fall versucht der jeweilige Algorithmus eine erreichte Beleuchtungssituation soweit wie möglich zu verbessern. Das bietet zum einen eine hohe Flexibilität bezüglich sehr unterschiedlicher Systeme und macht zum anderen die praktische Anwendung einfacher.

Ein Bestandteil der Entwurfsoptimierung mit **Lichtstromkompensation** ist die Wahl einer Initialentwurfs-Methode für deren iterative Anwendung innerhalb des Algorithmus. In Kapitel 6 kommt dazu das 2D-Tailoring für rotationssymmetrische Systeme zum Einsatz. Grundsätzlich sind allerdings auch andere Entwurfsmethoden in ansonsten sehr ähnlichen Rahmenbedingungen denkbar. Die einzige Bedingung dafür ist die Möglichkeit zur Vorgabe einer erwünschten Licht- oder Beleuchtungsstärkeverteilung. Sie stellt den Anknüpfungspunkt für den Algorithmus dar.

Die **OFFD** in Kapitel 7 stellt im Gesamtzusammenhang betrachtet den wesentlichsten Beitrag zur Verbesserung des Optikdesignprozesses für Freiform-Flächen im Nahfeld von LEDs dar. Wie aus der Beschreibung der Methode und ihrer Anwendung hervorgeht, können damit sehr unterschiedliche Systeme auch für nicht-rotationsymmetrische Fälle erfolgreich optimiert werden. Zu den zentralen Vorteilen dieses Ansatzes gegenüber bisherigen Methoden zählen die Unabhängigkeit von der geometrischen Darstellung, die einfache Wahl der Optimierungsparameter und der vergleichsweise geringe Rechen- bzw. Simulationsaufwand.

Bei den vorgeführten Beispielen kamen Rotationskörper von Freiform-Kurven zum Einsatz, aber im Prinzip können mit einer entsprechenden Erweiterung der Implementierung beliebige Initialflächen als Grundlage verwendet werden. Bezüglich der Auswahl der Optimierungsparameter in Form der vP des FFD-Blocks gibt es zwar keine feste Regel, allerdings ist die Festlegung intuitiv gut möglich. Dazu trägt auch die geringe Anzahl der nötigen vP bei, die auch entscheidend für die kurze Optimierungsdauer ist. Für die anderen, wählbaren Parameter der OFFD sind geeignete Werte ausgehend von gewissen Standards durch einige Versuche in der Praxis leicht festzulegen. So ist beispielsweise ein Bezug der Größe des Initial-Simplex als fester, prozentualer Anteil der Kurvenlänge des Initialentwurfs ein guter, universeller Standard. Außerdem liefert die farblich codierte Echtzeit-Visualisierung der einzelnen Optimierungsschritte bereits gute Hinweise darauf, ob und welche Parameter modifiziert werden sollten.

Die in Abschnitt 7.2 präsentierten Anwendungen der OFFD und die Analyse des Einflusses einiger Rahmenbedingungen stellen nur einen kleinen Teil der Möglichkeiten dar. Neben anderen optischen Konzepten wie Reflektoren oder Lichtleitoptiken gibt es in der Allgemeinbeleuchtung zahlreiche, sehr unterschiedliche Beleuchtungssituationen und entsprechende Bewertungen. Bei gegebenem Initialentwurf ist für nahezu alle Fälle ein sinnvoller Einsatz der OFFD für Freiform-Flächen denkbar.

Das durch die OFFD umgesetzte Konzept kann aus Sicht der Optimierungstheorie als Transformation der Optimierungsvariablen betrachtet werden. Aus der sehr großen, anwendungsabhängig schwankenden und schwer handhabbaren Anzahl an geometrischen Parametern einer Freiform-Fläche werden auf diesem Wege eine geringe, konstante und intuitiv erfassbare Menge an Freiheitsgraden. Diese Reduktion bedingt zwangsläufig, dass die entsprechenden Freiform-Flächen oder -Kurven bezüglich der durch die OFFD erreichbaren Formen im

Vergleich zum direkten Manipulieren der NURBS-Parameter eingeschränkt sind. Dies gilt insbesondere für sehr lokale Veränderungen der Geometrie. Solche Modifikationen können beispielsweise dann nötig sein, wenn wie etwa bei der Hell-Dunkel-Grenze eines automobilen Scheinwerfers hohe Gradienten in einer Lichtverteilung erwünscht sind. Für einen sinnvollen Einsatz der OFFD sind in solchen Fällen Initialentwürfe notwendig, die bereits die wesentlichen Eigenschaften des entsprechenden Merkmals enthalten. Dann kann die OFFD beispielsweise genutzt werden, um die Position des Gradienten innerhalb der Verteilung zu verschieben oder ähnliche, eher globale Modifikationen zu erreichen.

Wenn eine Fläche im Zuge der OFFD modifiziert wird, gibt es in der hier implementierten Form keine Möglichkeit zur Vorgabe geometrischer Grenzen oder Bedingungen, die über die Auswahl der vP hinausgeht. Das bedeutet, dass beispielsweise für die Linsenflächen der Designs aus Abschnitt 7.2 zwar die Ränder als Anknüpfungspunkt zur restlichen Geometrie festgehalten werden können. Sonstige Vorgaben sind aktuell allerdings nicht möglich, so dass bei ungeeigneter Parameterwahl sich überlappende Flächen oder sonstige, nicht herstellbare Objekte entstehen können. Diese entsprechen laut Simulation formal einem besseren System, sind aber in der Praxis untaugliche Lösungen. Diese Problematik kann durch eine Erweiterung der OFFD um eine Art Konsistenz-Prüfung behoben werden und wird im Ausblick weiter ausgeführt.

Als ein Vorteil der Resultate der OFFD zeigt sich u.a. bei der Validierung der Straßenleuchten-Linse in Abschnitt 7.3 eine vergleichsweise hohe Toleranz der Optiken gegenüber Oberflächenabweichungen und Positionierung. So konnte dort eine sehr hohe Übereinstimmung zwischen Simulation und Messung nachgewiesen werden, obwohl die Formgenauigkeit des Herstellungsverfahrens durch Roboter-Fräsen und die Positionierung der LED im Prototypenaufbau gegenüber industriellen Standards nicht optimal war. Einer der Gründe dafür ist, dass man sich eine durch OFFD erhaltene Geometrie letztlich als ein Minimum der Bewertungsfunktion im Raum von Formveränderungen vorstellen kann. Wenn die hergestellte Optik dann fertigungsbedingt einige Abweichungen zur gewünschten Geometrie hat, entspricht das in der Regel kleinen Formveränderungen ähnlicher Art. Damit befindet sich diese Optik immer noch in der Nähe des Minimums und kann im Sinne der Bewertung der Lichtverteilung eine gute Beleuchtung erreichen. Diese Eigenschaft unterscheidet die OFFD von anderen Verfahren, insbesondere von solchen, bei denen feste Strahlenpfade kontrolliert werden und Formveränderungen starken Einfluss haben.

Für die Entscheidung, ob ein Initialentwurf im Zuge eines Optikdesignprozesses eher auf Basis der Lichtstromkompensation oder mit Hilfe der OFFD verbessert werden sollte, gibt es einige klare Abgrenzungen.

Die Lichtstromkompensation ist dann sinnvoll, wenn dem Anwender eine schnelle, leistungsfähige und flexible Initialentwurfsmethode zur Verfügung steht. Dies ist vor allem bei rotationssymmetrischen Systemen wie hier in Gestalt des Tailoring oft der Fall. Dann ist eine Entwurfsoptimierung mit dem vorgestellten Algorithmus effizient und schnell möglich. Wie auch in den Anwendungen in dieser Arbeit genügen oft sehr wenige Iterationen und damit verbundene Simulationen, um eine ausreichende Verbesserung hinsichtlich der gewünschten Beleuchtung zu erhalten.

Der Einsatz der komplexeren Rahmenbedingungen der OFFD ist dagegen eher dann geeignet, wenn das unter gegebenen Rahmenbedingungen beste Ergebnis gefunden werden soll. Außerdem bietet sich die OFFD insbesondere für nicht-rotationsymmetrische Systeme an. Zum einen fehlt für die Lichtstromkompensation oft eine verfügbare Initialentwurfsmethode. Zum anderen kann durch eine geschickte, iterative Anwendung der OFFD je nach System ein fortgeschrittenes

3D-Initialdesign überflüssig sein. Dies zeigen Entwurf und Validierung der LED-Straßenleuchten-Linse, bei der eine einfache sphärische Fläche zu einer Freiform-Fläche für eine rechteckige, dezentrale Beleuchtung deformiert wurde. Außerdem ist die OFFD sehr viel flexibler als die Lichtstromkompensation bezüglich der gewünschten Beleuchtung. Während letztere nur Verteilungen von Lichtstrombeiträgen auf einem Detektor betrachtet, bietet das Bewertungsmodul der OFFD umfangreiche Möglichkeiten zur Berücksichtigung und Kombination unterschiedlicher Eigenschaften einer Lichtverteilung.

KAPITEL 9

ZUSAMMENFASSUNG UND AUSBLICK

9.1 ZUSAMMENFASSUNG

Das Ziel dieser Arbeit war die systematische Charakterisierung des Entwicklungsprozesses optischer Systeme in der Allgemeinbeleuchtung und dessen Erweiterung hinsichtlich der Methoden zum Entwurf von Freiform-Optiken im Nahfeld von LEDs.

Dazu fand zunächst eine Analyse des typischen, schrittweisen Ablaufs bei einer solchen Entwicklung statt. Nach der Unterteilung in die Teilprozesse des Optikdesigns, der Fertigung und der Validierung fand eine detaillierte Betrachtung des Optikdesigns statt. Die dabei definierten und klar abgegrenzten Phasen zeigten deren Bedeutung und Wechselwirkungen auf. Mit Hilfe einer Zuordnung der aus der Literatur bekannten Methoden stellten sich insbesondere beim Initialentwurf und der Entwurfsoptimierung Möglichkeiten und Bedarf für Verbesserung hinsichtlich Freiform-Flächen im Nahfeld von LEDs heraus. Insbesondere zur Handhabung der räumlichen Ausdehnung von Lichtquellen erwiesen sich viele der bekannten Ansätze als ungenügend.

Um Verbesserungen in diesen beiden Bereichen zu erzielen, wurde zunächst ein wichtiges Hilfsmittel für alle Phasen des Entwurfs optischer Elemente entwickelt: die Bewertung von Lichtverteilungen.

Auf diesem Wege war es möglich, einer gemessenen oder simulierten Licht- oder Beleuchtungsstärkeverteilung einen Zahlenwert Q zuzuordnen. So wurde eine quantitativ erfassbare Aussage über die Qualität eines optischen Systems erreicht. Diese Bewertungen wurden dabei vielseitig und flexibel gestaltet, um einen Einsatz für die sehr unterschiedlichen Systeme der Allgemeinbeleuchtung zu erlauben.

Beim Prozessschritt des Initialentwurfs zeigte sich, dass es besonders für die Freiform-Kurven rotationssymmetrischer Anwendungen bereits viele sehr erfolgreiche Designmethoden gibt. Ein wichtiger Repräsentant solcher Verfahren ist das am LTI entwickelte Tailoring, das daher besonders betrachtet wurde. Als ein wesentliches Merkmal dieser und anderer Methoden stellte sich die Notwendigkeit zur Beschreibung der Lichtquelle als punktförmiger Strahler heraus. Da diese Näherung im Nahfeld von LEDs nicht mehr gerechtfertigt ist, wurden daher zwei Modellierungsansätze entwickelt. Beide berücksichtigen die Ausdehnung der Lichtquelle auf unterschiedliche Art und Weise und beinhalten dabei Punktquellen. Auf diesem Wege können bessere Initialentwürfe mit etablierten Verfahren berechnet werden.

Die inverse Modellierung von Primäroptiken liefert letztlich ein vereinfachtes geometrisches Modell, das aus mehreren Freiform-Flächen und einer in der Regel Lambertsch strahlenden Punktquelle besteht. Um es zu berechnen, werden die Informationen eines Rayfiles sowie die in der Regel einfach zugänglichen, groben Abmessungen der Primäroptik genutzt.

Die Modellierung mit multiplen Lichtschwerpunkten verfolgt dagegen das Ziel, durch optimierte Positionen einer oder mehrerer Punktquellen mit einem speziellen Abstrahlverhalten eine ausgedehnte Lichtquelle zu beschreiben. Die Berechnungen dafür basieren ebenfalls auf dem Rayfile der Lichtquelle und nutzen eine Optimierung auf analytischem Weg. Damit wird der Punkt im Raum gefunden, bei dem eine gegebene Menge von Lichtstrahlen am dichtesten liegt. Eine geeignete Unterteilung des Rayfiles bietet dann Möglichkeiten, multiple Lichtschwerpunkte zu definieren.

Für beide Ansätze wurden Anwendungen in beispielhaften LED-Systemen vorgeführt. Bezüglich des Initialentwurfs von Sekundäroptiken im Nahfeld dieser Lichtquellen konnte jeweils eine wesentliche Verbesserung gegenüber einer Modellierung nach dem Stand der Technik nachgewiesen werden.

Um den Prozessschritt der Entwurfsoptimierung speziell für Freiform-Flächen in Nahfeld von LEDs zu verbessern, wurden zwei Methoden ausgearbeitet: ein auf Lichtstromkompensation basierender Algorithmus und die OFFD (Optimierung mit Freiform-Deformation).

Die Lichtstromkompensation nutzt einen systematischen Vergleich zwischen der angestrebten Lichtverteilung und der Licht- oder Beleuchtungsstärke-Verteilung, die ein System aktuell erzeugt. Dieser Vergleich findet dabei auf der Ebene des integrierten Lichtstroms statt. Auf diese Weise wurde ein Algorithmus entwickelt, der iterativ Parameter für neue Anwendungen der Initialdesign-Methode des 2D-Tailorings definiert und dessen Auswirkungen evaluiert. Der Einsatz bei einer beispielhaften LED-Linse zeigte eine deutliche Verbesserung des erreichten Strahlungsverhaltens in einer Simulation. Die Funktionsfähigkeit eines optischen Systems, das mit Lichtstromkompensation entworfen wurde, konnte durch einen Vergleich von Simulation und Messung am Beispiel einer TIR-Hybridlinse für eine Taschenlampe nachgewiesen werden.

Als zweite Methode beim Prozessschritt der Entwurfsoptimierung für die nicht-abbildende Optik wurde mit der OFFD ein Verfahren vorgestellt, das auf dem mathematischen Rahmen der Optimierungstheorie beruht. Eine systematische Betrachtung der Komponenten Bewertungsfunktion, Optimierungsalgorithmen und Optimierungsparameter lieferte entscheidende Erkenntnisse über die Probleme und

Anforderungen für Anwendungen bei Freiform-Optiken. Als wichtigster Beitrag zur Lösung dieser Probleme erwies sich die Definition neuer Optimierungsvariablen zur geometrischen Manipulation der Freiform-Flächen. Die dabei verwendete Methode ist die Freiform-Deformation. Zu ihren vorteilhaften Eigenschaften gehören die Unabhängigkeit von der Darstellung des zu modifizierenden, geometrischen Objekts, die geringe Anzahl und leichte Auswahl der notwendigen Parameter und die vergleichsweise globale Art der geometrischen Veränderung.

Durch die Synthese der FFD und der anderen Komponenten in einem geschlossenen Algorithmus wurde mit der OFFD ein Verfahren implementiert, das automatisiert Freiform-Flächen für rotationssymmetrische und nicht-rotationssymmetrische Systeme im Nahfeld einer ausgedehnten Lichtquelle optimiert. Dies stellt einen essentiellen Fortschritt im Vergleich zu den bisherigen Optimierungsmethoden in der Allgemeinbeleuchtung dar. Mit Hilfe einiger beispielhafter Anwendungen bei LED-Freiform-Linsen konnten die Einflüsse verschiedener Rahmenbedingungen und Parameter der OFFD untersucht und bewertet werden. Die Ergebnisse der Simulation zeigten abhängig vom konkreten System wesentliche Verbesserungen hinsichtlich der erreichten Beleuchtungssituation. Insbesondere bei der Entwurfsoptimierung einer Linse für eine LED-Straßenbeleuchtung konnte aus einer einfachen sphärischen Fläche eine sehr effiziente Freiform-Optik geformt werden. Die Validierung dieses Designs fand als Vergleich des gemessenen Abstrahlverhaltens eines hergestellten Prototyps mit den entsprechenden Simulationsdaten erfolgreich statt.

In einer Diskussion wurden abschließend alle entwickelten Methoden und erreichten Ergebnisse im Gesamtzusammenhang des Entwicklungsprozesses optischer Systeme in der Allgemeinbeleuchtung erläutert. Im Vordergrund standen dabei die jeweiligen Einsatzbereiche und das Aufzeigen von Grenzen und Möglichkeiten.

9.2 AUSBLICK

Im Folgenden werden einige Ideen und Ansatzpunkte vorgestellt, die mögliche Erweiterungen der in dieser Arbeit präsentierten Methoden aufzeigen. Wichtigster Anknüpfungspunkt dafür stellt die OFFD dar, die durch ihren modularen Charakter besonders geeignet ist.

Ein für LED-Systeme oftmals wichtiger Aspekt sind die Toleranzen des optischen Systems gegenüber Abweichungen zwischen dem realen, hergestellten Objekt und dem idealisierten Verhalten in Design und Simulation. Während die Ausdehnung der Lichtquelle durch die Modellierung der Lichtquelle als Rayfile sehr gut berücksichtigt wurde, gibt es andere, schwerer darstellbare Gesichtspunkte. Das betrifft beispielsweise die relative Positionierung der einzelnen Bauteile eines Systems zueinander. So gibt es bedingt durch den Fertigungsprozess der Platine Abweichungen von der Soll-Position des LED-Chips. Darüber hinaus müssen Linsen oder Reflektoren durch Halterungselemente mechanisch an der gewünschten Stelle fixiert werden. Beides zusammen bewirkt, dass relative Verschiebungen und Verkippungen von LED zu Optik das reale Strahlungsverhalten beeinflussen.

Empirische oder Monte-Carlo basierte Modelle können solche Effekte zur Toleranzempfindlichkeit eines Systems prinzipiell beschreiben [94, 95, 96]. Damit ließe sich ein weiterer Schritt als Folge- oder Teilprozess der Entwurfsoptimierung definieren, der die Analyse dieser Toleranzen beinhaltet. Um bestimmte Grenzwerte einzuhalten, wird so noch vor der Fertigung gegebenenfalls eine weitere Überarbeitung des optischen Systems möglich. Bezüglich der OFFD ist dafür ein Berechnungsmodul denkbar, das einen zusätzlichen Einfluss auf die Bewertungsfunktion nimmt, um eine gewisse Toleranz-Unempfindlichkeit zu fördern.

Ein ähnlicher Weg ist auch für die Berücksichtigung geometrischer Bedingungen für die Freiform-Optiken denkbar. So könnte ein zweites Bewertungsmodul entwickelt werden, das parallel zur momentan realisierten, optischen Simulation und Bewertung geschaltet wird. Die Schnittstellen zum restlichen Ablauf wären dann als Eingabe die aktuelle, deformierte NURBS-Fläche und als Ausgabe ein Wert Q_{Geo}. Dieser beschreibt, wie gut die geometrischen Bedingungen erfüllt sind. Beispielsweise könnte mittels Q_{Geo} der maximale Winkel der seitlichen Flanken zur Horizontalen berücksichtigt werden und so dabei gestaltet sein, dass Q_{Geo} stark ansteigt, wenn dieser Winkel gegen $90\,°$ geht. Wenn Q_{Geo} in geeigneter Form mit der lichttechnischen Bewertung der Optik aus der Simulation kombiniert wird, könnten damit Hinterschnitte vermieden werden und so die Herstellbarkeit der Optik garantiert werden. Alternativ gibt es etwa nach [97] bereits innerhalb des FFD-Formalismus Ansätze, die geometrische Einschränkungen erlauben und in die Optimierung integriert werden könnten.

Die Erweiterung des lichttechnischen Bewertungsmoduls ist außerdem hinsichtlich der Betrachtung von Farbe möglich. Das macht die Entwurfsoptimierung von Freiform-Flächen für Farbmischoptiken von RGB-LEDs mit maximaler Farbhomogenität realisierbar.

Die Rahmenbedingungen der OFFD bieten zudem einige weitere Möglichkeiten zur Anpassung, die über die Verwendung in dieser Arbeit hinausgehen. So könnten zur Steigerung der Effizienz und Anpassbarkeit des Verfahrens Modifikationen des Gitters $\mathbf{p}_{l,m,k}$ des FFD-Blocks evaluiert werden. Statt einer $k \times k \times k$-Anordnung gleicher Abstände ist auch ein $k \times m \times l$-Gitter mit unterschiedlichen Auflösungen in verschiedene Richtungen und ungleichen Abständen der einzelnen Punkte vorstellbar.

Zuletzt ließe sich die Zeitdauer eines Optimierungsvorgangs gegebenenfalls durch eine dynamische Anpassung der Simulationsumgebung verkürzen. So können zu Beginn des Ablaufs eine kleinere Anzahl von Lichtstrahlen und eine weniger detaillierte Simulation

ausreichen, um die Optik geeignet zu deformieren und gewissermaßen eine grobe Anpassung umzusetzen. Sobald sich die Optimierung
dann dem Minimum nähert, könnten eine dynamische Erhöhung der
Strahlenzahl und Komplexität der Simulation dann die statistischen
Effekte reduzieren und für eine "Feinanpassung" sorgen.

Insgesamt zeigt dieser Überblick, dass die OFFD sehr vielseitig ist und
durch ihre Struktur für breite Anwendungsfelder weitere Möglichkeiten bietet.

OPTIMIERUNG

A.1 OPTIMIERUNGSALGORITHMEN

Zu den Optimierungsalgorithmen, die nach dem Prinzip des allgemeinen Abstiegs nach Alg. 1 vorgehen, gehören die Methode des steilsten Abstiegs und das konjugierte Gradienten-Verfahren. Beide suchen das Minimum einer Funktion $f(\mathbf{x}) : \mathbb{R}^n \mapsto \mathbb{R}$ mit dem Variablenvektor $\mathbf{x} \in \mathbb{R}^n$ und unterschieden sich im Wesentlichen durch die Richtung $\mathbf{d}^\nu$ der Iterationen. Für die Berechnung der Schrittweite t^ν wurde jeweils die in Absatz A.2 beschriebene Armijo-Regel eingesetzt.

Die Methode des steilsten Abstiegs wird in Alg. 2 ausgeführt. Das Verfahren der konjugierten Gradienten stellt Alg. 3 dar.

Algorithmus 2 Methode des steilsten Abstiegs

---

1. Wähle einen Startvektor $\mathbf{x}^0 \in \mathbb{R}^n$, einen Toleranzabstand $\epsilon > 0$ und setze $\nu = 0$

2. Wenn $||\nabla f(\mathbf{x}^\nu) \leq \epsilon$, beende den Algorithmus mit der Lösung $(\mathbf{x}^\nu, f(\mathbf{x}^\nu))$

3. Setze $\mathbf{d}^\nu = -\nabla f(\mathbf{x}^\nu)$ und verwende eine geeignete Schrittweite t^ν für die Berechnung von $\mathbf{x}^{\nu+1} = \mathbf{x}^\nu + t^\nu \mathbf{d}^\nu$

4. Ersetze ν durch $\nu + 1$ und gehe zurück nach Schritt 2

Algorithmus 3 Methode der konjugierten Gradienten

---

1. Wähle einen Startvektor $\mathbf{x}^0 \in \mathbb{R}^n$, einen Toleranzabstand $\epsilon > 0$ und setze $\mathbf{d}^0 = -\nabla f(\mathbf{x}^0)$ und $\nu = 0$

2. Wenn $||\nabla f(\mathbf{x}^\nu) \leq \epsilon$, beende den Algorithmus mit der Lösung $(\mathbf{x}^\nu, f(\mathbf{x}^\nu))$

3. Setze $\mathbf{x}^{\nu+1} = \mathbf{x}^\nu + t^\nu \mathbf{d}^\nu$ mit einer geeigneten Schrittweite t^ν sowie
$$\mathbf{d}^{\nu+1} = -\nabla f(\mathbf{x}^{\nu+1}) + \frac{||\nabla f(\mathbf{x}^{\nu+1})||^2}{||\nabla f(\mathbf{x}^\nu)||^2} \cdot \mathbf{d}^\nu$$

4. Ersetze ν durch $\nu + 1$ und gehe zurück nach Schritt 2

A.2 SCHRITTWEITENBERECHNUNG

Eine Möglichkeit zur Bestimmung eines Schätzwertes für die Schrittweite t^v bei Optimierungsverfahren nach der Methode des allgemeinen Abstiegs ist die Armijo-Berechnung nach Alg. 4. Dazu müssen die Parameter $\sigma, \rho \in (0,1)$ sowie $\gamma > 0$ festgelegt werden. Beim Einsatz in dieser Arbeit hat sich in vielen Fällen die Wahl $\sigma = 0,5$, $\rho = 0,5$ und $\gamma = 3$ bewährt.

Algorithmus 4 Armijo-Schrittweitenberechnung

---

1. Setze eine Schrittweite $t^0 = -\gamma \frac{\mathrm{D} f(\mathbf{x})\mathbf{d}}{||\mathbf{d}||^2}$ und $k = 0$

2. Wenn $f(\mathbf{x} + t^k \mathbf{d}) \leq f(\mathbf{x}) + t^k \sigma \mathrm{D} f(\mathbf{x})\mathbf{d}$, breche den Algorithmus ab mit der Schrittweite $t^v := t^k$

3. Setze $t^{k+1} = \rho t^k$, ersetze k durch $k+1$ und gehe zurück zu Schritt 2

A.3 Numerische Berechnung von Ableitungen

Basierend auf dem Theorem von Taylor kann die partielle Ableitung einer Funktion $f(\mathbf{x})$ in Richtung der i-ten Variablen durch den Differenzenquotienten von Funktionswerten in einer kleinen Umgebung des betreffenden Punktes nach Gln. A.1 approximiert werden. Darin ist $\mathbf{e}_i$ der i-te Einheitsvektor. Genauere Approximationen unter Einsatz weiterer Funktionsauswertungen sind beispielsweise durch den zentralen Differenzenquotienten möglich. Weitere Informationen bietet die Literatur[51].

$$\partial_{x_i} f(\mathbf{x}) \approx \frac{f(\mathbf{x} + \epsilon \mathbf{e}_i) - f(\mathbf{x})}{\epsilon} \tag{A.1}$$

ABKÜRZUNGEN, FORMELZEICHEN UND BEGRIFFE

Formelzeichen	Erklärung
$\mathbf{p}_{l,m}$, $\mathbf{p}_{l,m,k}$	Kontrollpunkte-Gitter des FFD-Blocks in 2 bzw. 3 Dimensionen
$\tilde{\mathbf{p}}_{l,m}$, $\tilde{\mathbf{p}}_{l,m,k}$	Kontrollpunkte-Gitter des FFD-Blocks in 2 bzw. 3 Dimensionen nach der Verschiebung der vP
S	Optisches System bestehend aus Lichtquelle(n) und allen für die Lichtausbreitung relevanten geometrischen Objekten und Detektor(en)
Q_S	Zahlenwert der Gütemaß-Bewertung eines Systems S
Q_L	Gütemaß-Bewertung für die Qualität von Lichtschwerpunkten
Q_A	Gütemaß-Bewertung mittels quadratischer Abweichungen
Q_Φ	Gütemaß-Bewertung der Transferverluste des Lichtstroms
Q_P	Gütemaß-Bewertung auf Basis der Position eines bestimmten Merkmals einer Lichtverteilung
Q_H	Gütemaß-Bewertung der Homogenität von Beleuchtungsstärke-Verteilungen
$Q_{M,Typ}$	Gütemaß einer multikriteriellen Bewertung mit einer Kombination der Einzelkriterien nach dem angegebenen Typ
G	Geschlossenes Gebiet im Winkel- oder Ortsraum

Formelzeichen	Erklärung
g_i	Funktion zur Gewichtung bei verschiedenen Gütemaßbewertungen i
$\mathbf{P}(u)$, $\mathbf{P}(u,w)$	Punkt einer parametrisch dargestellten Kurve bzw. Fläche
$\mathbf{b}_i$, $\mathbf{b}_{i,j}$	Kontrollpunkte einer Spline-Kurve bzw. Fläche
$h_{i,j}$	Gewichte der Kontrollpunkte $\mathbf{b}_{i,j}$ einer NURBS-Fläche
$I(\theta)$, $I(\theta,\phi)$	Lichtstärkeverteilung einer Punktquelle mit dem Polarwinkel θ bzw. bei nicht-rotationssymmetrischen Verteilungen zusätzlich dem Azimutwinkel ϕ
Φ	Lichtstrom $[lm]$
$f_S(x)$	Licht- bzw. Beleuchtungsstärke-Verteilung, die ein System S erzeugt. Darin bezeichnet x die Winkel- bzw. Ortskoordinaten.
$f(\mathbf{x})$	Allgemeine Bezeichnung der Bewertungsfunktion in einem Optimierungsprozess mit Variablenvektor $\mathbf{x}$
$\sigma_Q(n)$	Statistischer Fehler eines Gütemaßes Q bei einer Simulation mit n Lichtstrahlen
$\mathbf{d}^\nu$	Richtungsvektor im Iterationsschritt ν bei Ableitungs-basierten Optimierungsverfahren
t^ν	Schrittweite im Iterationsschritt ν bei Ableitungs-basierten Optimierungsverfahren

Abkürzung/Begriff	Erklärung
FFD	Freiform-Deformation
OFFD	*Optimierung mit Freiform-Deformation*, Bezeichnung des Synthese-Algorithmus aus mathematischer Optimierung und FFD als Methode der Entwurfsoptimierung von Freiform-Flächen in der nicht-abbildenden Optik
FFD-Block	Spezieller Raum, der das zu deformierende Objekt im Rahmen der FFD umgibt und durch ein Kontrollpunktegitter $p_{l,m}$ definiert wird
vP	veränderliche Punkte, Auswahl aus dem Kontrollpunktegitter $\mathbf{p}_{l,m}$ zur Modifikation im Rahmen der FFD
LVK	Lichtstärkeverteilung
LS	Lichtschwerpunkt
PMMA	Polymethylmethacrylat, ein transparenter Kunststoff
FWHM	engl. *Full-Width-Half-Maximum*, volle Breite einer Verteilung an der Stelle des halben Maximums
PC	Polycarbonat, eine Materialgruppe transparenter Kunststoffe
Rayfile	Strahlendatei zur Modellierung ausgedehnter Lichtquellen
2D/3D-Tailoring	Analytische, Punktquellen-basierte Methode zur direkten Berechnung von Freiform-Kurven (2D) und -Flächen (3D)
TIR	engl. *Total Internal Reflection*, Totalreflexion
TIR-Hybridoptik	Optisches Konzept, bei dem eine Linse und eine Totalreflexion-Fläche kombiniert werden.

Abkürzung/Begriff	Erklärung
Primäroptik	Optische wirksame Bauteile wie reflektierende oder brechende Flächen, die als Teil einer Lichtquelle fest in oder auf ihr verbaut sind
Sekundäroptik	Optische wirksame Bauteile wie reflektierende oder brechende Flächen, die für eine gegebene Lichtquelle entworfen werden und deren Licht lenken sollen
Armijo-Regel	Verfahren zur effizienten Abschätzung einer geeigneten Schrittweite bei Ableitungs-basierten Optimierungsverfahren
B-Splines	Parametrische Kurven- oder Flächenbeschreibung als Funktionenreihe mit speziellen, lokalen Polynom-Basisfunktionen
NURBS	engl. *Non-Uniform Rational B-Spline*, gängiger Standard zur Beschreibung beliebiger Kurven und Flächen in CAD-Programmen
CAD	engl. *Computer Aided Design*, Beschreibung geometrischer Objekte beim rechnergestützer Konstruktion
CAL	engl. *Computer Aided Lighting*, Software für Entwurf und Simulation von optischen Systemen
FRED	Kommerzielles CAL-Programm

Betreute Arbeiten

- S. Michenfelder, *„Aufbau eines Goniometer-gestützten Messplatzes für Leuchten mittlerer Abmessung"*, Studienarbeit, Karlsruhe 2009

- S. Lück, *„Bestimmen multipler Lichtschwerpunkte aus Nahfeldgoniometerdaten"*, Diplomarbeit, Karlsruhe 2010

- A. Galvez, *„Optikdesign im Nahfeld von LEDs"*, Studienarbeit, Karlsruhe 2011

- J. Kurz, *„Free-From Deformation as Optimization Approach for Nonimaging Optics"*, Masterarbeit, Karlsruhe 2011

- J. Grimm, *„Optikdesign im Nahfeld einer LED; Ansatz: Lichtstromkompensation"*, Bachelorarbeit, Karlsruhe 2012

- D. große Austing, *„Entwicklung eines multifunktionalen Scheinwerferkonzepts - Lichtverteilungen und Konzepte für LED-Fahrradscheinwerfer"*, Diplomarbeit, Karlsruhe 2012

VERÖFFENTLICHUNGEN

- T. Bonenberger, J.Baumgart, S.Wendel, C.Neumann, *„Diffractive structures in RGB-LED illumination"*, Lux Europa - 12th European Lighting Conference, Kraków, Poland (2013)

- T. Bonenberger, J.Baumgart, S.Wendel, C.Neumann, *„LED color mixing with diffractive structures"*, Proc. SPIE 8641, Light-Emitting Diodes: Materials, Devices, and Applications for Solid State Lighting XVII, 864107 (2013)

- S.Wendel, J.Kurz, C.Neuman, *„Optimizing nonimaging free-form optics using free-form deformation"*, Proc. SPIE 8550, Optical Systems Design 2012, 85502T, 85502T-85502T-14 (2012)

- S. Wendel, S. Lück, C. Neumann, *„Constructing multiple focal points using rayfiles"*, Lux junior 2011, Tagungsband, Dörnfeld/Ilm (2011)

- S. Wendel, A. Domhardt, C. Neumann, *„Backward modelling of LED primary optics"*, IODC 2010 - International Optical Design Conference Proc. SPIE, Vol. 7652, 76521I, Jackson Hole, Wyoming, USA (2010)

- S. Wendel, A. Domhardt, U. Rohlfing, U. Lemmer, *„Lichtquellenmodulation mit Lichtmischstäben"*, Lux Junior, Ilmenau, Deutschland (2009)

- A. Domhardt, S. Wendel, U. Rohlfing, U. Lemmer, *„Light source modulation using light guide rods"*, Nonimaging Optics: Efficient Design for Illumination and Solar Concentration VI, Proc. SPIE 7423, 74230Q–11 SPIE (2009)

- M. Scholdt, A. Domhardt, S. Wendel, U. Lemmer, *„Auslegung eines vollfarbsteuerbaren High-Power-LED-Moduls"* ,Lux Junior, Ilmenau, Deutschland (2009)

DANKSAGUNG

Ich möchte mich bei allen bedanken, die zum Gelingen dieser Arbeit beigetragen und mich während der Dissertation auf unterschiedliche Weise unterstützt haben.

Dazu gilt mein besonderer Dank zunächst gleichermaßen meinem Doktorvater und Betreuer Prof. Dr. Cornelius Neumann und Prof. Dr. Uli Lemmer, der mich am LTI als Doktorand aufgenommen hat. Ohne das mir entgegengebrachte Vertrauen und die Unterstützung wäre diese Arbeit nicht möglich gewesen.

Prof. Dr. Wilhelm Stork danke ich herzlich für die Übernahme des Korreferats.

Dr. André Domhardt möchte ich dafür danken, dass er mich in das Themengebiet Optikdesign und -simulation eingeführt hat. Unsere Zusammenarbeit bei Forschung und in Entwicklungsprojekten hat mir den nötigen Überblick über interessante, aktuelle Fragestellungen bei der nicht-abbildenden Optik ermöglicht und wesentlich zum Gelingen dieser Arbeit beigetragen.

Des Weiteren möchte ich meinen Kollegen aus unserer Arbeitsgruppe für das angenehme Arbeitsklima und das freundschaftliche Miteinander herzlich danken. Manfred Scholdt, Christian Herbold, Franziska Herrmann, Steffen Michenfelder, Christian Jebas, Klaus Trampert, Anna-Lena Stenglein und Tino Fettke seien hier besonders genannt. Neben fachlichem Austausch und gegenseitiger Unterstützung bei allen Aspekten des Büroalltags haben auch Aktivitäten außerhalb der LTI die Motivation hoch gehalten und die Arbeit am LTI angenehm gemacht.

Darüber hinaus danke ich allen weiteren Kollegen und Freunden am LTI und außerhalb, die mein Leben während der Dissertation auf unterschiedliche Art bereichert haben. Dazu gehören u.a. die Ski-Urlaube und Badminton-Runden, der Pokerstammtisch und die Aktivitäten mit ehemaligen Kommilitonen des Physik-Studiums.

Weiterhin gilt mein Dank den Studenten, deren Arbeiten unter meiner Betreuung einen großen Anteil am Gelingen dieser Dissertation hatten. Hier möchte ich besonders Julian Kurz nennen, der durch seine Arbeit zur Freiform-Deformation einen entscheidenden Beitrag geliefert hat.

Für konstruktives Korrekturlesen, hilfreiche Anmerkungen zur Arbeit und die dabei investierte Zeit möchte ich meinen Eltern, Prof. Rohlfing, Dr. André Domhart, Theresa Bonenberger und Nico Gerig danken.

Für die Unterstützung durch die Herstellung der Freiform-Optik für die Straßenbeleuchtung danke ich der Arbeitsgruppe von Prof. Dr. Rainer Börret.

Schließlich möchte ich meiner Familie für deren Rückhalt und die Unterstützung danken, die sie mir jederzeit gegeben hat und ohne die diese Arbeit nicht möglich gewesen wäre.

LITERATURVERZEICHNIS

[1] HELD, GILBERT: *Introduction to light emitting diode technology and applications.* CRC Press, 2008.

[2] NETZE BW GMBH: *Gleiwitzer Straße, Gemeinde Remchingen,* 2013.

[3] THOMPSON, KEVIN P.; BENÍTEZ, PABLO und ROLLAND, JAN- NICK P.: *Freeform Optical Surfaces: Report from OSAs First Incubator Meeting.* September 2012.

[4] DENNINGTON, ANDREW: *A Guide To Using Free-Form Optics For LED Lighting Systems.* Polymer Optics, LpS 2011, 2011.

[5] GALL, DIETRICH: *Grundlagen der Lichttechnik: Kompendium.* Licht und Beleuchtung. Pflaum, 2007.

[6] HENTSCHEL, HANS-JÜRGEN: *Licht und Beleuchtung: Grundlagen und Anwendungen der Lichttechnik.* Hüthig, 5 Auflage, 2001.

[7] ARECCHI, ANGELO V; KOSHEL, R. JOHN und MESSADI, TAHAR: *Field guide to illumination.* SPIE, 2007.

[8] SUCHY, KURT: *Schrittweiser Übergang von der Wellenoptik zur Strahlenoptik in inhomogenen anisotropen absorbierenden Medien. II. Lösung der Gleichungen für Wellennormale und Brechungsindex durch WBK-Näherung. Strahlenoptische Reflexion und Alternation.* Annalen der Physik, 448(1-5):178–197, 1953.

[9] DEMTRÖDER, WOLFGANG: *Experimentalphysik 2 (3., Berarb. U. Erw. Aufl. 200),* Band 2. Springer DE, 2004.

[10] GREIVENKAMP, JOHN E.: *Field guide to geometrical optics.* SPIE Press Bellingham, Washington, 2004.

[11] WINSTON, ROLAND; MINANO, JUAN C. und BENITEZ, PABLO G.: *Nonimaging Optics*. Academic Pr. Inc., Januar 2005.

[12] LERNER, SCOTT A. und DAHLGRENN, BRETT: *Etendue and optical system design*. 2006.

[13] PHOTON ENGINEERING LLC: *FRED Optical Engineering Software*. http://www.photonengr.com.

[14] BORN, MAX und WOLF, EMIL: *Principles of optics: electromagnetic theory of propagation, interference and diffraction of light*. Cambridge university press, 1999.

[15] BRICK, PETER und WIESMANN, CHRISTOPHER: *Optimization Of LED-based Non-imaging Optics With Orthogonal Polynomial Shapes*. 2012.

[16] DE BOOR, CARL: *A Practical Guide to Splines*. Springer-Verlag, 2 Auflage, 2001.

[17] FARIN, GERALD: *Curves and Surfaces for CAGD - A practical Approach*. Academic Press, 5 Auflage, 2002.

[18] PIEGL, LES und TILLER, WAYNE: *The NURBS Book*. Springer-Verlag, 2 Auflage, 2010.

[19] PRAUTZSCH, HARTMUT; BOEHM, WOLFGANG und PALUSZNY, MARCO: *Bézier and B-Spline Techniques*. Springer-Verlag, 2002.

[20] ROGERS, DAVID: *An Introduction to NURBS*. Academic Press, 2001.

[21] KOSHEL, R. JOHN: *Illumination Engineering: Design with Nonimaging Optics*. Wiley-IEEE Press, 2012.

[22] MINANO, JUAN C; BENÍTEZ, PABLO und SANTAMARÍA, ASUNCIÓN: *Free-form optics for illumination*. Optical review, 16(2):99–102, 2009.

[23] FOURNIER, FLORIAN R.: *A review of beam shaping strategies for LED lighting*. 2011.

[24] KAMINSKI, MARK E. und KOSHEL, R. JOHN: *Methods of tolerancing of injection-molded parts for illumination systems*. In: *Optical Science and Technology, SPIE's 48th Annual Meeting*, Seiten 61–71. International Society for Optics and Photonics, 2003.

[25] NORMENAUSSCHUSS LICHTTECHNIK: *DIN 13201 - Strassenbeleuchtung, Teile 1-4*.

[26] BUNDESMINISTERIUM FÜR VERKEHR, BAU UND STADTENTWICKLUNG: *STVZO (Deutsche Straßenverkehrs-Zulassungs-Ordnung), Technische Anforderungen 23, Scheinwerfer für Fahrräder*, 2012.

[27] NORMENAUSSCHÜSSE BAUWESEN, FARBE UND LICHTTECHNIK IM DIN: *Anlagen zur Verkehrssteuerung - Warn- und Sicherheitsleuchten; Deutsche Fassung EN 12352*, 2006.

[28] DREIHOEFER, HARALD ZERHAU; HAACK, UWE; WEBER, THOMAS und WENDT, DIERK: *Light source modeling for automotive lighting devices*. Seiten 58–66, 2002.

[29] RYKOWSKI, RONALD F. und WOOLEY, C. BENJAMIN: *Source modeling for illumination design*. Seiten 204–208, 1997.

[30] BREDEMEIER, KNUT und SCHMIDT, FRANZANZ JORDANOV, WLADIMIR: *Ray Data of LEDs and Arc Lamps*. ISAL Symposium, Darmstadt University of Technology, 2005.

[31] RADIANT ZEMAX LLC: *ProSource® 10*. RadiantZemax.com, 2012.

[32] GREGORY, G. GROOT; ASHDOWN, IAN; BRANDENBURG, WILLI; CHABAUD, DOMINIQUE; DROSS, OLIVER; GANGADHARA, SANJAY; GARCIA, KEVIN; GAUVIN, MICHAEL; HANSEN, DIRK; HARAGUCHI, KEI; HASNA, GÃŒNTHER; JIAO, JIANZHONG; KELLEY, RYAN; KOSHEL, JOHN und MUSCHAWECK, JULIUS: *Data format standard for sharing light source measurements*. Band 8835, 2013.

[33] DROSS, OLIVER: *Auslegung optischer Systeme.* Konferenz "Kunsstoffe in optischen Systemen", Erlangen, 2010.

[34] OLIKER, VLADIMIR: *Mathematical aspects of design of beam shaping surfaces in geometrical optics.* Trends in Nonlinear Analysis, Seiten 193–224, 2003.

[35] KOCHENGIN, SERGEY A. und OLIKER, VLADIMIR I.: *Computational algorithms for constructing reflectors.* Computing and Visualization in Science, 6(1):15–21, 2003.

[36] FOURNIER, FLORIAN R.; CASSARLY, WILLIAM J. und ROLLAND, JANNICK P.: *Designing freeform reflectors for extended sources.* SPIE, 2009.

[37] RIES, HARALD und WINSTON, ROLAND: *Edge-ray principle for nonimaging optics.* Journal of the Optical Society of America, 1994.

[38] MINANO, JUAN C.; BENITEZ, PABLO; LIN, WANG; MUNOZ, FERNANDO; INFANTE, JOSE und SANTAMARIA, ASUNCION: *Overview of the SMS design method applied to imaging optics.* SPIE, 2009.

[39] MUNOZ, FERNANDO; BENITEZ, PABLO; DROSS, OLIVER; MINANO, JUAN C. und PARKYN, BILL: *Simultaneous multiple surface design of compact air-gap collimators for light-emitting diodes.* Optical Engineering, 43(7):1522, 2004.

[40] CHAVES, JULIO: *Introduction to nonimaging optics,* Band 134. CRC, 2008.

[41] BORTZ, JOHN und SHATZ, NARKIS: *Mathematical relationships between the generalized functional, edge-ray, aplanatic, and SMS design methods.* 2010.

[42] RIES, HARALD und MUSCHAWECK, JULIUS: *Tailored freeform optical surfaces.* Journal of the Optical Society of America A, 19(3):590–595, März 2002.

[43] DING, YI; LIU, XU; ZHENG, ZHEN-RONG und GU, PEI-FU: *Freeform LED lens for uniform illumination*. Optics Express, 16(17), Aug 2008.

[44] DING, YI; LIU, XU; ZHENG, ZHEN-RONG und GU, PEI-FU: *Secondary optical design for LED illumination using freeform lens*. SPIE, 2008.

[45] WEINGÄRTNER, SIMON: *Designalgorithmen zur Berechnung dreidimensionaler optischer Freiformkomponenten*. Licht Technology Institute, Karlsruhe Institute of Technology, Germany, 2008.

[46] DOMHARDT, ANDRE; WEINGAERTNER, SIMON; ROHLFING, UDO und LEMMER, ULI: *TIR optics for non-rotationally symmetric illumination design*. 2008.

[47] DOMHARDT, ANDRE; ROHLFING, UDO; WEINGAERTNER, SIMON; KLINGER, KARSTEN; KOOSS, DIETER; MANZ, KARL und LEMMER, ULI: *New design tools for LED headlamps*. 2008.

[48] DOMHARDT, ANDRE: *Analytisches Design von Freiformoptiken für Punktlichtquellen*. Spektrum der Lichttechnik, Band 5. KIT Scientific Publishing, 2013.

[49] CASSARLY, WILLIAM J.: *Iterative Reflector Design Using a Cumulative Flux Compensation Approach*. In: *International Optical Design Conference and Optical Fabrication and Testing*. Optical Society of America, 2010.

[50] ALT, WALTER: *Nichtlineare Optimierung – Eine Einführung in Theorie, Verfahren und Anwendungen*. Vieweg Verlag, 1 Auflage, 2002.

[51] NOCEDAL, JORGE und WRIGHT, STEPHEN J.: *Numerical Optimization*. Springer Science & Business Media, LLC, 2 Auflage, 2006.

[52] SPELLUCCI, PETER: *Numerische Verfahren der nichtlinearen Optimierung*. Birkhäuser Verlag, 1993.

[53] KOSHEL, R. JOHN: *Simplex optimization method for illumination design*. Optics Letters, 30(6):649–651, März 2005.

[54] KOSHEL, R. JOHN: *Fractional optimization of illumination optics*. Band 7061. SPIE, 2008.

[55] KOSHEL, R. JOHN: *Aspects of illumination system optimization*. In: *Proc. of SPIE Vol*, Band 5529, Seite 207, 2004.

[56] CASSARLY, WILLIAM J. und HAYFORD, MICHAEL J.: *Illumination optimization: The revolution has begun*. Seiten 258–269, 2002.

[57] KOSHEL, R. JOHN: *Optimization of parameterized lightpipes*. In: *Proceedings of SPIE, the International Society for Optical Engineering*. Society of Photo-Optical Instrumentation Engineers, 2006.

[58] CASSARLY, WILLIAM J.: *Illumination merit functions*. 2007.

[59] DAVENPORT, THOMAS L.; HOUGH, THOMAS A. und CASSARLY, WILLIAM J.: *Optimization for illumination systems: the next level of design*. In: *Proceedings of SPIE*, Band 5456, Seiten 81–90, 2004.

[60] JACOBSON, BENJAMIN A. und GENGELBACH, ROBERT D.: *Lens for uniform LED illumination: an example of automated optimization using Monte Carlo ray-tracing of an LED source*. Seiten 121–128, 2001.

[61] STOEBENAU, SEBASTIAN; KLEINDIENST, ROMAN; HOFMANN, MEIKE und SINZINGER, STEFAN: *Computer-aided manufacturing for freeform optical elements by ultraprecision micromilling*. In: *SPIE Volume 8126*, Seiten 812614–812614–12, 2011.

[62] JIANG, WENDA; TSE, BILL; LOUIE, ROY und CHAN, FRANKIE: *Diamond Turning Freeform Optics*. Key Engineering Materials, 364:1–6, 2008.

[63] JIANG, WENDA: *Diamond turning microstructure optical components*. 2009.

[64] GUBBELS, G.P.H.; VENROOY, B.W.H. und HENSELMANS, R.: *Accuracy of freeform manufacturing processes*. In: *SPIE Optical Engineering+ Applications*. International Society for Optics and Photonics, 2009.

[65] RIEGER, K. und SCHMIDT, R.: *Spritzgießwerkzeuge für optische Komponenten*. Konferenz "Kunsstoffe in optischen Systemen", Erlangen, 2010.

[66] KÖLLMANN, D.; BICHMANN, S.; SCHMITT, R. und T.PFEIFER: *Inspection of free-formed optical surfaces concerning form and orientation errors*. In: *20th IMEKO TC2 Symposium on Photonics in Measurement*, Nummer ISBN 978-3-8440-0058-0, Seiten S. 50 – 53. Shaker Verlag Aachen 2011, 2011.

[67] PRUSS, C.: *Interferometrische Freiformflächenvermessung mit CGH*. In: *Workshop: Optische Freiformflächen*. Institut für Technische Optik, Universität Stuttgart, 2012.

[68] BREDEMEIER, KURT; GRASSMANN, FRANK; KRÜGER, UDO und SCHMIDT, FRANZ: *Bewertung von Nahfeldgoniophotometern*. Tagungsband Licht 2012, 2012.

[69] NORMENAUSSCHUSS LICHTTECHNIK (FNL) IM DIN: *DIN5038-8, Beleuchtung mit künstlichem Licht,Teil 8: Arbeitsplatzleuchten ,Anforderungen, Empfehlungen und Prüfung*, 2007.

[70] SAWARAGI, YOSHIKAZU; NAKAYAMA, HIROTAKA und TANINO, TETSUZO: *Theory of Multiobjective Optimization*. Academic Press, 1985.

[71] EHRGOTT, MATTHIAS: *Multicriteria optimization*. Springer, 2005.

[72] OSRAM OPTO SEMICONDUCTORS: *Datenblatt : Golden Dragon ARGUS*, 2006.

[73] PHILIPS LUMILEDS: *Technical Datasheet DS25*, 2007.

[74] OSRAM OPTO SEMICONDUCTORS: *OSLON SSL 150 Datasheet, LT CPDP*, 2013.

[75] PHILIPS LUMILEDS: *SuperFlux LEDs, Technical Datasheet DS05*, 2007.

[76] PHILIPS LUMILEDS: *Secondary Optics Design Considerations for SuperFlux LEDs*, 2002.

[77] PHILIPS LUMILEDS: *Datenblatt:LUXEON Rebel*, 2012.

[78] CREE: *Product Family Datasheet: Cree XLamp XM-L2 LEDs*, 2012.

[79] SEOUL SEMICONDUCTOR: *X42182 - Technical DataSheet*, 2009.

[80] NORMUNGSAUSSCHUSS FEUERWEHRWESEN (FNFW) IM DIN: *DIN 14649 - Explosionsgeschützte Leuchten für Einsatzkräfte*, 2011.

[81] DZEMYDA, GUNTER; SALTENIS, VAL und ZILINSKAS, ADR: *Stochastic and Global Optimization*. Springer-Verlag, 1 Auflage, 2002.

[82] NELDER, J. A. und MEAD, R.: *A Simplex Method for Function Minimization*. Computer Journal 7, pp. 308-313, 1965.

[83] HINTERMÜLLER, MICHAEL: *Nonlinear Optimization, Part I: Unconstrained and box-constrained problems*. Department of Mathematics, Humboldt-University of Berlin, Germany, 2011.

[84] GEIGER, C. und KANZOW, C.: *Numerische Verfahren zur Lösung unrestringierter Optimierungsaufgaben*. Springer Berlin, 1999.

[85] SEDERBERG, TED WILL und PARRY, SCOTT: *Free-Form Deformation of Solid Geometric Models*. 1986.

[86] SEDERBERG, THOMAS W.: *Computer Aided Geometric Design (Vorlesungsskipt)*. Department of Computer Science Brigham Young University, 2011.

[87] COQUILLART, S. und JANCENE, P.: *Animated Free-form Deformation: An Interactive Animation Technique*. Computer Graphics, 25(4), 1991.

[88] CHADWICH, J.E. HAUMANN, D.R. und ARENT, R.E.: *Layered construction for deformable animated characters*. Computer Graphics, 23(3):243–252, 1989.

[89] MANZONI, ANDREA; QUARTERONI, ALFIO und ROZZA, GIAN-LUIGI: *Shape optimization for viscous flows by reduced basis methods and free-form deformation*. International Journal for Numerical Methods in Fluids, November 2010.

[90] THE MATHWORKS, INC.: *MATLAB® - The Language of Technical Computing*.

[91] CREE: *XLamp XP-G2 LEDs, Product Family Data Sheet*, 2012.

[92] TIMINGER, ANDREAS und RIES, HARALD: *Street-lighting with LEDs*. 2008.

[93] TIMINGER, ANDREAS: *From Enthusiasm to Economy: Precision Optical Design as a Key to Making LED Luminaires Cost-Efficient in Street Lighting and Architectural Lighting*. In: *International Optical Design Conference and Optical Fabrication and Testing*, OSA Technical Digest (CD), Seite IMB2. Optical Society of America, Juni 2010.

[94] KOSHEL, R. JOHN: *Illumination system tolerancing*. Band 6676. SPIE, 2007.

[95] ZWICK, SUSANNE; KNOTH, ROBERTO; STEINKOPF, RALF und NOTNI, GUNTHER: *Tolerancing of free form elements considering manufacturing characteristics*. 2012.

[96] VÉRON, CHRISTIAN: *The Impact of Fluctuations in Plastic Optical Elements in LED Lamps and Luminaires*. LpS 2011. ZETT Optics GmbH, 2011.

[97] PERNOT, JEAN-PHILIPPE: *Fully Free Form Deformation Features for Aesthetic and Engineering Designs*. Doktorarbeit, Institut National Polytechnique de Grenoble, 2004.

SPEKTRUM DER LICHTTECHNIK

Lichttechnisches Institut Karlsruher Institut für Technologie (KIT)

ISSN 2195-1152

Band 1   Christian Jebas
          **Physiologische Bewertung aktiver und passiver
          Lichtsysteme im Automobil.** 2012
          ISBN 978-3-86644-937-4

Band 2   Jan Bauer
          **Effiziente und optimierte Darstellungen von
          Informationen auf Grafikanzeigen im Fahrzeug.** 2013
          ISBN 978-3-86644-961-9

Band 3   Christoph Kaiser
          **Mikrowellenangeregte quecksilberfreie
          Hochdruckgasentladungslampen.** 2013
          ISBN 978-3-7315-0039-1

Band 4   Manfred Scholdt
          **Temperaturbasierte Methoden zur Bestimmung der
          Lebensdauer und Stabilisierung von LEDs im System.** 2013
          ISBN 978-3-7315-0044-5

Band 5   André Domhardt
          **Analytisches Design von Freiformoptiken
          für Punktlichtquellen.** 2013
          ISBN 978-3-7315-0054-4

Band 6   Franziska Herrmann
          Farbmessung an LED-Systemen. 2014
          ISBN 978-3-7315-0173-2

Band 7   Simon Wendel
          Freiform-Optiken im Nahfeld von LEDs. 2014
          ISBN 978-3-7315-0251-7

Die Bände sind unter www.ksp.kit.edu als PDF frei verfügbar oder als Druckausgabe bestellbar.